소금과 물,

바로 알면
건강이 보인다

소금과 물,
바로 알면 건강이 보인다

초판 1쇄 인쇄일 2020년 5월 22일
초판 1쇄 발행일 2000년 5월 29일

지은이 채점식
펴낸이 양옥매
디자인 임흥순 송다희

펴낸곳 도서출판 책과나무
출판등록 제2012-000376
주소 서울특별시 마포구 방울내로 79 이노빌딩 302호
대표전화 02.372.1537 **팩스** 02.372.1538
이메일 booknamu2007@naver.com
홈페이지 www.booknamu.com
ISBN 979-11-5776-898-1 (03590)

이 도서의 국립중앙도서관 출판예정도서목록(CIP)은
서지정보유통지원시스템 홈페이지(http://seoji.nl.go.kr)와
국가자료종합목록시스템(http://www.nl.go.kr/kolisnet)에서
이용하실 수 있습니다. (CIP제어번호: CIP2020020809)

소금과 물,

바로 알면
건강이 보인다

• 채점식 지음 •

우리 인간이나 모든 동식물이 생명을 유지하고 살아가는 데 가장 필요한 것 몇 가지를 들면, 공기, 물, 빛, 소금을 들 수 있다. 이 네 가지는 누구나 쉽게 구하여 접하며 살아가고 있는 것들로, 하루도 없으면 당장 생명을 유지하기 어렵다. 가장 귀한 물질을 이와 같이 쉽게 큰 값을 치르지 않고 구할 수 있는 것은 우주의 원리이기 때문이다. 이래서 물, 소금, 공기, 빛을 천식(天食)이라 한다.

필자는 1999년에 일본인 나카이 다스조오를 소개받으면서 투어멀린(電氣石)을 접하게 되었고, 이를 이용하여 각종 생활용품을 생산·판매하였다. 제약회사도 설립·운영하였으며 우리가 매일 먹는 아주 기본적인 물과 소금의 중요성을 알고 '가장 좋은 물과 소금을 일상에서 접할 수 있을까?'를 고민하며 연구하게 되었다.

그 결과, 투어멀린(電氣石)을 이용한 대형 정수 및 환원수기를 발명특허를 등록하고 이를 이용하여 미세먼지 및 바이러스, 대장균 등을 살균하는 솔트 클린룸과 침 기능 안경 등의 발명특허 등록을 마쳤다.

가장 이상적인 방법으로 바닷물을 정수 및 우주 에너지를 전사시켜 물과 소금이 우리 건강을 지키는 파수꾼이 될 수 있도록 하였다. 이 기계를 한 업체에 필자가 조언을 하여 제품이 생산되게 함으로써 실생활에 활용케 되었다.

이 책에서는 물과 소금에 대한 가장 기초적인 상식을 소개하고자 한다. 우리는 살면서 실상 상식적인 기초를 종종 잊고 살아갈 때가 많다.

모든 도덕의 기본은 초등학교 3학년 책에 다 수록되어 있다. 부모님을 공경하라, 질서를 잘 지켜라, 형제간 우애 있게 지내라, 친구 간에 신의를 지켜라, 성공하려면 성실히 부지런해라, 나라에 충성하라 등…. 이에 여러 가지 형용사를 구가하여 삶에 지혜서라고 소개하곤 하는데, 실상 초등학교 3학년 도덕 책 내용만 잘 지키면 최고의 인격자다.

가장 기초적인 상식을 지키자! 물과 빛, 공기 등은 생명에 필수 조건이지만 그중에서도 소금의 중요성은 아무리 강조해도 지나치지 않다. 그런데 어떤 소금과 물은 약이 되고 독이 될 수도 있다. 따라서 소금을 바로 알고 살아야 한다.

인류가 가장 오랫동안 기초 조미료로 사용하고 있는 소금에 대해서 현재의 문제점을 진단하고, 그 문제점을 해결하는 방법을 제시하여 전 국민이 건강한 생활을 영위하길 바라는 마음에서 이 책을 집필하였다. 아무쪼록 이 책을 통하여 물과 소금에 대한 기초 상식으로 바른 식생활에 작은 도움이 되길 바란다.

채점식

■ 목차

1부

소금에 대한
모든 것

소금(salt)이란?

음식 맛은 간이 맞아야 제맛이 난다. '짜다'는 말의 어원은 단맛 · 신맛 · 쓴맛 · 짠맛 · 매운맛이 잘 어우러진 맛, 즉 맛의 짜임새가 잘되었다는 말이다.

이렇듯 모든 맛은 소금이 주관하는데, 특히 모든 식품에 대하여 그것이 가지고 있는 맛을 더욱 돋우는 구실을 한다. 보통 요리할 때 조미하는 것을, 소금 맛을 뜻하는 '간 본다'고 하는 것도 그 때문이다. 짠맛의 범위는, 국과 같은 액체인 것에서 보통 0.8~

소금과 물, 바로 알면 건강이 보인다

1.2%이다. 국에서는 1%, 찌개에서는 2%가 짠맛의 기본이다.
소금을 표현하는 한자어도 다양하다.

소금(素金): 희게 하고 살균 · 정화하는 쇠

소금(銷金): 녹는 금(金)

소금(牛金): 소와 금(金)처럼 귀하다

필자는 이 가운데 '희게(素) 하는 쇠(金)'라는 뜻이 우리가 먹는
소금의 의미에 가장 부합한다고 본다. 다시 말해, 몸속을 정화
한다는 말이다.

세상에서 가장 귀중한 '금'을 세 가지 들라면 '지금', '황금' 그
리고 '소금'을 들 수 있다. 다음은 이렇게 귀중한 소금에 대해
소금산업진흥법에서 정의한 것을 옮겨 적은 것이다.

1. "소금"이란 대통령령으로 정하는 비율 이상의 염화나트륨
   을 함유(含有)한 결정체[이하 "결정체(結晶體)소금"이라 한다]
   와 함수를 말한다.

2. "함수(鹹水)"란 그 함유 고형분(固形分) 중에 염화나트륨을
   100분의 50 이상 함유하고 섭씨 15도에서 보메(baume: 액체
   의 비중을 나타내는 단위) 5도 이상의 비중(比重)을 가진 액체를
   말한다.

3. "염전(鹽田)"이란 소금을 생산·제조하기 위하여 바닷물을 저장하는 저수지, 바닷물을 농축하는 자연증발지, 소금을 결정시키는 결정지 등을 지닌 지면을 말하며, 해주·소금 창고 등 해양수산부령으로 정하는 시설을 포함한다.

4. "천일(天日)염"이란 염전에서 바닷물을 자연 증발시켜 생산하는 소금을 말하며, 이를 분쇄·세척·탈수한 소금을 포함한다.

5. "정제소금"이란 결정체소금을 용해한 물 또는 바닷물을 이온교환막에 전기 투석시키는 방법 등을 통하여 얻어진 함수를 증발시설에 넣어 제조한 소금을 말한다.

6. "재제조(再製造)소금"이란 결정체소금을 용해한 물 또는 함수를 여과, 침전, 정제, 가열, 재결정, 염도조정 등의 조작과정을 거쳐 제조한 소금을 말한다.

7. "화학부산물소금"이란 화화물질의 제조·생산·분해 등의 과정에서 발생한 부산물로 제조한 소금을 말한다.

8. "기타소금"이란 다음 각 목의 소금을 말한다.

가. 암염

나. 호수염

다. 천일식제조소금: 바닷물을 증발지에서 태양열로 농축하여 얻은 함수를 증발시설에 넣어 제조한 소금

라. 천일염·정제소금·재제조소금·화학부산물소금·

천일식제조소금을 생산 · 제조하는 방법 이외의 방법으로 생산 · 제조한 소금으로서 해양수산부령으로 정하는 것

9. "가공소금"이란 천일염 · 정제소금 · 재제조소금 · 화학부산물소금 또는 기타소금을 대통령령으로 정하는 비율 이상 사용하여 볶음 · 태움 · 용융(열을 가하여 액체로 만듦)의 방법, 다른 물질을 첨가하는 방법 또는 그 밖의 조작방법 등을 통하여 그 형상이나 질을 변경한 소금을 말한다.

10. "식용소금"이란 사람이 직접 섭취할 수 있는 소금을 말한다.

11. "비식용소금"이란 품질이나 성분 그 자체 또는 생산 · 관리 과정의 위해요소로 인하여 사람이 직접 섭취할 수 없는 소금을 말한다. 정제염, 맛소금으로 나눌 수 있다.

– [법률 제13383호, 2015.6.22., 타법개정] 소금산업진흥법에서 발췌

음식을 만들 때 절대 빠질 수 없는 소금은 크게 천일염과 정제염, 맛소금으로 나눌 수 있다. 이 중에서 가장 좋은 소금은 당연히 천일염이다. 천일염은 갯벌에 바닷물을 가두어 자연 증발시킨 것으로 햇빛, 바닷물, 갯벌, 바람 중 한 가지만 빠져도 천일염이 만들어지지 않는다.

소금은 식염(食鹽)과 공업용으로 분류된다. 화학명은 염화나트륨(NaCl, sodium chloride)이다. 지구의 지각 변화로 천연적으로 생성된 암염(岩鹽)이 다량 산출되어 지구상 소금 소비량의 65%를

차지한다. 함호(鹹湖)·염정(鹽井) 등에는 용해하여 존재한다. 바닷물에는 2.5-3.5%의 염분이 함유되어 있다. 암염은 굴삭하거나 물을 주입하여 녹여서 염수로 퍼 올려 그대로 또는 끓여서 재제염(再製鹽)으로 채취하는데, 외국에서 널리 사용하고 있다.

소금의 역사

인간에게 소금은 생존상 없어서는 안 되는 것이었기 때문에 소금을 얻기 위한 노력은 아주 오래전부터 이루어졌다. 원시시대에 인간은 조수(鳥獸)나 물고기를 잡아먹음으로써 식물이나 동물의 몸속에 있는 염분을 섭취했다.

중국의 격언에는 '소금 없이는 싱겁기가 끝이 없겠네.' 하는 표현이 있다. 맛을 돋우기 위해 음식에 소금을 뿌리는 행위의 중요성에 비유하며, 무슨 일을 훌륭하게 끝내려면 힘을 들여야 한다는 의미로 쓰인다. 그리고 '평양감사보다 소금장수가 낫다'는 옛 속담도 있다. 별 볼 일 없는 관리보다는 소금장수가 낫다는 뜻이다.

또 '소금 한 통을 함께 먹었지'라는 폴란드 격언도 있다. 오랫동안 지속되는 우정을 표현한 것으로, 자주 함께 식탁에 마주 앉아 빵과 소금을 나누며 기나긴 세월 긴 정을 나누었기에 찬장

속에 두었던 소금 한 통을 다 먹어 치웠을 정도가 되었다는 재미난 표현이다.

그리고 고대 이집트에서는 미라를 만들 때 시체를 소금물에 담갔으며, 이스라엘 사람들은 토지를 비옥하게 하기 위하여 소금을 비료로 사용하였다고 한다.

문헌을 살펴보면, 양(梁)의 도홍경(陶弘景)이 엮은 『신농본초경(神農本草經)』에서 소금은 약물 중독의 해독제로 소개되어 있다. 그 밖에 BC 27세기 재상 숙사씨(宿沙氏)가 처음으로 바닷물을 끓여 소금을 채취하였다는 기록이 있다. 또 『삼국지』 「위지동이전(魏志東夷傳)」에는 고구려 초에 소금을 해안지방에서 운반해 왔다는 대목이 실려 있다.

우리나라에서는 고려시대에 도염원(都鹽院)을 두어 국가에서 직접 소금을 제조 · 판매하여 재정수입원으로 삼았으며, 조선시대에는 연안의 주군마다 염장을 설치하여 관가에서 소금을 구워 백성들은 미포와 환물하였는데, 1411년(태종 11)에 염장역미법(鹽場易米法)을 폐지하였다고 전해진다. 그 후 한말을 거쳐 일제강점기가 되자 소금은 완전히 전매제(專賣制)가 되었고, 1961년에 염전매법이 폐지되자 종전의 국유염전과 민영업계로 양분되었다.

동서양을 막론하고 소금은 부와 권력의 상징이었다. 고대 그리스 사람은 소금을 주고 노예를 샀으며, 옛날에는 소금을 얻기 위하여 가난한 사람들이 자기 딸을 판 예도 적지 않았다고 한다.

16세기 후반에 시작해 1609년에 스페인으로부터 독립을 쟁취한 네덜란드의 반란은 이베리아 반도로부터 소금 수입이 방해를 받게 되자 더욱 힘을 얻게 되었으며, 1930년 4월에 인도의 카티아워 해변에서 있었던 간디의 소금 행진은 소금 소비에 세금을 부과하고 있던 영국에 대한 저항운동으로 시작하였으나 후에는 해방 운동으로 발전했다. 소금이 전쟁도 불사할 만큼 인류에게 중요한 것이라는 사실을, 역사가 증명하고 있는 셈이다.

그리고 폴란드의 고도 크라코프 근교에는 아름다운 인공 암염동굴이 있어 해마다 수많은 관광객들의 발길이 끊이질 않는다. 이곳에서 멀지 않은 곳에 나치의 유태인 집단수용소가 있던 아우슈비츠시가 있는데, 많은 관광객들이 암염동굴의 아름

함호인 경우는 함수를 결정시켜 채염하는데, 이것은 그레이트솔트호(미국), 맥레오드호 · 레프로이호(오스트레일리아) 등에서 볼 수 있다

소금과 물, 바로 알면 건강이 보인다

다움보다는 집단 수용소에 있던 유태인들이 이 소금동굴 지하에서 중노동에 시달렸을 모습을 상상하며 가슴 아파하곤 한다.

소금은 이처럼 부와 권력의 상징이었기에 선사시대부터 소금이 산출되는 해안·염호나 암염이 있는 장소는 교역(交易)의 중심이 되었다. 산간에 사는 수렵민이나 내륙의 농경민은 그들이 잡은 짐승이나 농산물을 소금과 교환하기 위하여 소금 산지에 자연스럽게 모이면서 시장이 형성되었으며, 그 결과 유럽이나 아시아에서도 소금을 얻기 위한 교역로가 발달하였다.

물론 우리나라도 마찬가지다. 조선 시대의 소금장수 이야기를 다룬 영화로, 배우 천은경이 제26회 대종상 신인연기상을 수상한 〈소금장수〉를 잠깐 살펴보자.

영화 〈소금장수〉의 한 장면

소금장수 덕만은 떠도는 그의 인생 여정 속에서 백치 소녀 냉이를 알게 된다. 그러던 중, 냉이가 임신한 채 그의 앞에 나타나자 덕만은 배신감과 질투를 느끼고 색다른 시련에 휘말린다. 아이를 낳으려는 냉이와 덕만은 심한 마찰을 하게 된다. 오랜 갈등과 고통 끝에 덕만은 묵묵히, 냉이와 그녀가 낳은 아비 모를 아이를 그의 인생 여정 속에 수용시킨다. 그리고 다시 새 소금을 싣기 위해 염전으로 향한다. 엄청난 애환이 담긴 소금장수들이 빚어낸 시대적 상황이 재미있는 것은 소금이 현금을 능가하는 화폐 수단임을 보여 주기 때문이다.

소금을 만드는 집을 뜻하는 독일어의 할레(Halle) · 할슈타트(Hallstatt)나 영어의 위치(-wich)가 붙은 드로이트위치(Droitwich) · 낸트위치(Nantwich) 등의 지명은 현재까지도 남아 있다. 미국의 솔트 레이크 시티(Salt Lake City)도 소금과 관련된 지명이다.

6-7세기까지 작은 어촌이었던 유럽 베네치아가 10세기 이후에 풍족한 해항도시(海港都市)로서 번영한 원인은 가까운 해안에서 산출되는 소금을 유럽에 팔아 큰 이익을 얻었기 때문이다. 또한 10세기경부터 베니스 공화국이 경제적 번성을 누리고 무역의 중심이 된 것도 소금 무역이 한몫했다.

현재 바닷물을 원료로 하는 천일염은 아시아 여러 나라의 연안, 홍해 · 지중해 연안, 북아메리카 · 멕시코 서부 · 오스트레일리아 연안에서 생산하고 있다.

소금과 종교 의식

막9:50 너희 속에 소금을 두고 서로 화목하라

성경에서 말하는 소금

성경에서 소금에 대한 말씀은? 소금의 변하지 않는 짠맛을 생명으로 비유하고 있는 몇 가지 구절들을 성경에서 찾아볼 수 있다.

"너희는 세상에 소금이 썩는 것을 방지하고 생명을 지켜 가라."

"세상의 죄를 사하시기 위해 드려지는 모든 소제물에 성결한 언약의 소금을 빼지 못할지니 모든 예물에 소금을 드릴지니라."

세상 죄를 지시고 화목 제물로 오신 언약의 목자 예수님이 소금의 실체로 오셔서 12제자들에게도 너희는 세상의 소금이라 말씀하셨다. 그리고 구약의 성취대로 오신 예수님은 마5:13 "너희는 세상의 소금이니 만일 소금이 그 맛을 잃으면 무엇으로 짜게 하리요. 후에는 아무 쓸데없어 다만 밖에 버리어 사람에게 밟힐 뿐이니라."고 말씀하셨다.

그렇다면 성경 말씀으로 소금의 비밀을 살펴보자. 창19:26에 소돔과 고모라 성을 하나님께서 심판하실 때에 롯의 아내가 언약을 어기고 뒤를 돌아봐 소금기둥이 되었다는 내용이 나온다. 하나님의 말씀에 의심을 지닌 롯의 처는 소금 기둥으로 변하여 정결함을 소금으로 표현한다.

출30:34~35에 하나님께서 모세에게 제사 지내는 데 쓰는 향을 만들 때 소금을 치라는 말씀으로 "여호와께서 모세에게 이르시되 너는 소합향과 나감향과 풍자향의 향품을 취하고 그 향품을 유향에 섞되 각기 동일한 중수로 하고 그것으로 향을 만들되 향 만드는 법대로 만들고 그것에 소금을 쳐서 성결하게 하고"와 같이 밝히고 있다. 또한 레2:13에 "네 모든 소제물에는 소금을 치라. 네 하나님의 언약의 소금을 네 소제에서 빼지 못할지니, 네 모든 예물에 소금을 드릴지니라."고 나와 있다.

첫째로 창19에 소금을 심판의 도구로 사용했으며, 둘째로 출30장에 향을 만드는 데 성결하게 하려고 사용했으며, 셋째로 레2장에 제사 드리는 모든 소금 소제 물에 소금을 치라 명하는 데 그 소금은 언약의 소금이라 하였다. 여기에서 '언약'은 장래 이루실 일인데, 결국 우리 생명과 성결함을 소금에 비유한 말씀인 것이다.

소금을 신앙시한 역사

소금은 인간에게 있어서 생명과 밀접한 관계가 있기 때문에, 예로부터 많은 사람들이 소금에 초자연적인 힘이 깃들어 있다고 믿어 소금에 관한 여러 가지 전설이나 신앙이 생겼다. 소금 생산에 있어서 여러 가지 의식이 행해지는 것은 결코 드문 일이 아니다.

라오스의 염전이 있는 지방에서는 매년 소금을 채취하기 전에 제사를 올리고 그 지역의 모든 제염 관계자가 모여 수호신으로부터 우물에 들어갈 허가를 얻는다. 돼지나 거북 ·물소 등 희생으로 바치는 동물도 해마다 달랐다. 또 소금은 사신(邪神)이나 마귀를 쫓는 힘이 있다고 가장 널리 믿어지고 있다.

소금 없이 살 수 있다고 장담할 수 있는 사람은 없을 것이다. 물론 소금 섭취를 자제해야 하는 질환을 지닌 환자들은 의사의 지시에 따라 일체 소금 섭취를 중단하기도 한다. 그러나 우리 몸은 생리적으로 소금을 필요로 한다. 우리 몸의 모든 세포가 소금의 한 성분인 나트륨 이온을 필요로 하고 혈액과 근육은 더 많이 필요로 한다.

더구나 아무리 소금을 먹지 않아도 소변, 땀 등으로 잃는 소금의 양이 하루에 1그램은 되므로 어떤 방법으로든 우리는 나트륨을 섭취하여야 한다. 소금 대체물이라고 흔히 시중에 판매되고 있는 제품은 염화나트륨과 염화칼륨(염화포타슘)의 1:1 혼합물이다. 염화칼륨은 염화나트륨처럼 우리 몸이 꼭 필요로 하는 성분이다.

한국에서는 소금에 사신(邪神)이나 마귀를 쫓는 힘이 있다 믿어 집 안에서 불경한 기운을 퇴치하기 위하여 소금을 뿌리곤 했다. 스코틀랜드에서도 우리와 비슷한 풍습이 있었는데, 마녀가 들어와 술을 썩게 하는 것을 막기 위해서 당액(糖液)을 담은 통 위에 소금 한 줌을 던졌다고 한다.

그리고 타이에서는 출산 후 매일 소금과 물로 몸을 씻으면 악

레오나르도 다빈치의 〈최후의 만찬〉

령으로부터 몸을 지킬 수 있다고 하며, 모로코에서는 어두운 곳을 다닐 때에 소금을 지니고 있으면 유령을 쫓을 수 있다고 한다.

이 밖에 소금은 흔히 금기(禁忌)의 대상이 되기도 하였다. 인도에서는 젊은 학생이 선생에게 가거나 젊은이들이 결혼하면 3일 동안 소금을 먹을 수 없다. 또한 힌두교도 사이에서는 상중(喪中)에는 소금을 먹어서는 안 되고, 이집트의 사제(司祭)는 일생 동안 소금을 먹지 못하였다. 소금을 먹으면 힘이 생기고 육식동물처럼 행동이 빨라지고 도전적이 될까 두려운 마음에 금기한 것은 아닐까?

또, 그리스도의 최후의 만찬을 그린 레오나르도 다빈치의 그림에서는 소금 단지가 쓰러져 있는 것을 목격할 수 있다. 소금 단지가 쓰러져 있다는 것은 결국 '최후'를 의미하는 것이다.

소금 생산 과정과 종류

소금은 오래전 바닷물이 증발해 생긴 소금덩이들이 땅속에 묻혀 있는 소금바위인 암염을 채굴해 얻기도 하고, 우리나라 남서 해안에서처럼 소금물을 가두어 뜨거운 태양으로 물을 증발시켜 천일염으로 얻기도 한다.

소금이 형성되는 장면

소금의 종류에는 맛소금, 꽃소금, 구운 소금, 천일염, 정제염, 제재염 등이 있다. 먼저 맛소금이란, 정제 소금에 화학조미료를 첨가한 소금으로 MSG를 첨가해 향미를 증진시켜서 맛내기 좋게 만든 소금을 말한다. 그리고 꽃소금이란 천일염 1에 제재염 9를 섞은 소금을 말하며, 구운 소금이란 천일염을 고온에 볶거나 구워 낸 소금을 말한다.

천일염은 바닷물을 고스란히 말린 소금으로, 염전에서 바람과 햇빛으로만 수분을 증발시켜 만들어진다. 정제염(세척염)은 천일염 속 이물질들을 제거한 소금이며, 제재염은 정제염을 가열하여 재결정시킨 소금을 말한다.

소금을 한문으로 '염(塩)'이라 부르는데 이 글자가 의미하는 바도 재미있다. 갯벌(皿)의 흙(土) 위에서 인부(人)가 사각결정(口) 소금을 모은다는 뜻이다.

국내에서는 현재 남해안의 다도해 국립공원 신안군 갯벌지역에서 국내 소금 생산량의 85%를 차지하고 있다. 그런데 국내에서 언젠가부터 세계적으로 천일염에 대한 귀중함을 잊고 천일염 작업장을 없애 버리기 시작했다.

바닷물을 염전으로 끌어 들여 바람과 햇빛으로 수분만 증발시켜 만든 천일염은 정제염에 비해 미네랄 함유량이 탁월하여 각종 성인병 예방에 탁월한 효과를 가지고 있다. 그런데 일본에서는 이 같은 사실을 모른 채 천일염장을 없애 버린 탓에 각종 생활 습관병(성인병)이 급격히 증가하면서 땅을 치고 후회하고 있다. 천일염의 효능을 뒤늦게 알게 된 일본인들은 정제염에 미네랄(미네랄은 태양에 빛에 힘으로 천연적으로 만들어진다) 함유량을 인위적으로 추가하려고 했으나 자연의 섭리를 무시한 탓인지 오히려 역효과가 생겼다.

프랑스에서는 없애 버린 천일염장을 백 년에 걸쳐 다시 만드는 노력을 하고 있다.

생명과 소금

체내 나트륨의 역할

사람과 동물에게 소금은 생리적으로 필수 불가결한 것이다. 소금은 체내, 특히 체액에 존재하며, 삼투압의 유지라는 중요한 기능을 하기 때문이다.

인간의 혈액 속에는 0.9%의 염분이 함유되어 있는데, 소금의 나트륨은 체내에서 탄산과 결합하여 중탄산염이 되고, 혈액이나 그 밖의 체액의 알칼리성을 유지하는 기능을 한다. 또 인산과 결합하여 체액의 산ㆍ알칼리의 평형을 유지시킨다.

나트륨은 쓸개즙ㆍ이자액ㆍ장액 등 알칼리성의 소화액 성분이 되는데, 만일 소금 섭취량이 부족하면 이들의 소화액 분비가 감소하여 식욕이 떨어진다. 또한 나트륨은 식물성 식품 속에 많은 칼륨과 항상 체내에서 균형을 유지하는데, 만일 칼륨이 많고 나트륨이 적으면 생명이 위태로워질 수 있다. 또 소량의 염소는 위액의 염산을 만들어 주는 재료로서 중요하게 작용한다.

이같이 염분이 결핍되면 일시적으로 소화액의 분비가 부족해져 식욕이 감퇴되고, 오래되면 전신 무력ㆍ권태ㆍ피로나 정신불안 등이 일어난다. 운동 등으로 땀이 대량 배출되면, 염분을 상실하여 현기증ㆍ무욕ㆍ의식혼탁 등 육체적ㆍ정신적으로 뚜

소금과 물, 바로 알면 건강이 보인다

렷한 기능상실을 경험할 수 있다.

60년대에 필자가 초등학교를 다니던 시절, 오전에 운동장에 학생들이 학년별 학급별로 줄을 서서 교감, 교장 선생님의 훈시를 1시간 이상 듣곤 했다. 너무 지루하여 매일 오늘은 교장 선생님 말씀 중에 "에, 또"를 몇 번 사용할까 하고 세어 보니 46회 사용한 적도 있어 지금도 "에, 또"를 생각하면 웃음이 나온다. 여름에는 이렇게 운동장에서 교감, 교장 선생님의 훈시를 듣던 중 학생들 몇 명이 일사병으로 쓰러지곤 했다. 이는 소금 부족 현상으로, 쓰러진 아이들에게 소금 한 줌을 먹이면 거짓말처럼 정신을 찾곤 하던 기억이 있다.

군대에서 행군을 할 때, 아예 허리 벨트에 소금 주머니를 차고 행군을 하는 것도 이 같은 일을 예방하기 위함이다. 행군 중 탈진 상태가 되어 전우들이 쓰러졌을 때, 소금을 한 줌씩 먹이면 금세 거짓말처럼 의식이 돌아오곤 하였다. 그래서일까? 금방 의식이 돌아온 전우에게 지휘관들은 걱정 어린 위로의 말 대신 질책을 보내기도 했다. 소금을 게을리 먹었다는 게 그 이유다.

소금의 필요량은 노동의 종류나 사는 곳의 기후 등에 따라서도 다르지만, 보통 성인에게는 하루 12~13g이다. 우리 몸은 소변, 땀 등으로 하루에 12g의 소금을 잃으므로 어떤 방법으로든 나트륨을 섭취할 필요성이 있다.

그런데 강순남은 『밥상이 썩었다』에서 몸에 좋은 무기질이 많이 함유되어 있는 반면, 독성물질도 다소 함유하고 있기 때문에 이를 제거하고 섭취해야 하는데 천일염으로 김치를 담그거나 간장, 된장을 만들면 발효되면서 유해성분이 사라진다고 말했다. 이때 천일염은 흡수성이 높아 잘 굳어지기 때문에 밀폐하여 보관해야 한다.

생명의 근원, 소금

우리는 태어나기 전부터 어머니 자궁의 양수 속에서 영양분을 공급받으며 자랐다. 양수(羊水, amniotic fluid)는 '태수(胎水)'라고도 한다. 양수는 여러 가지 화학적 구성을 이루고 있지만, 대부분이 물과 소금이라고 한다.

이처럼 소금은 생명의 근원임에도 불구하고, 제약회사와 의사들은 수십 년 동안 '싱겁게 먹으라'고 권한다. 염화나트륨(NaCl)을 소금이라고 간주하며 고혈압과 신부전증, 심장질환을 일으킨다는 것이 그 이유다. 그 결과 국민들은 소금을 맹목적으로 기피하게 되었는데, 그럼에도 고혈압, 신부전증, 심장질환 환자는 갈수록 더 많아지고 있다.

소금을 어떻게 먹느냐에 따라 약이 되고 독도 된다. 염화나트륨과 소금은 엄연히 다르다. 유전 정보로 따져 보면, 소금은 빛에서 오는 것이다. 염소, 나트륨과 80여 종의 미네랄로 구성된 것을 소금이라 한다.

합성 염화나트륨과 달리 천일염에는 각종 염화물과 나트륨, 미네랄이 조화롭게 포함돼 있다. 천일염에서 간수를 빼고 나쁜 성분을 850도 이상에서 태워 만든 소금은 그야말로 신비의 약이다.

국제맨발의사협회는 우리 천일염으로 만든 키토산 소금을 고혈압 약으로 쓰고 있으며, 농림축산식품부도 국산 천일염의 고혈압 예방 효과를 인정했다. 몸에 적당한 소금은 중금속이나 이물질을 빨아들여 소변이나 땀으로 내보내기 때문에, 피를 맑게 하고, 산소 공급을 원활히 한다는 것이다.

게다가 소금을 섭취하면, 적혈구 용적률이 높아져 혈압이 내

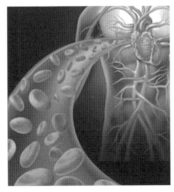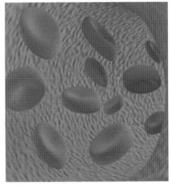

적정량의 소금은 혈액 순환을 돕고 소화를 돕는다

려간다. 배추를 물로 씻으면 농약이 50% 줄지만 소금으로 절여 씻으면 86%가 줄어드는 것과 같은 이치다. 체액은 1% 이상, 혈액은 3% 이상 염도를 유지할 때 건강할 수 있다.

민물에 사는 생물은 병이 많지만, 바닷물에 사는 생물엔 병이 적은 것도 이러한 사실을 뒷받침해 준다. 염분을 가장 많이 가지고 있는 심장(염통 · 鹽桶)은 탄력이 가장 뛰어나며, 암세포도 거의 자라지 못한다. 심장암은 아주 희귀하다.

이처럼 소금은 소화를 돕고, 장에서 좋은 미생물을 키워 주며, 음식을 분해하고, 부패를 막는다. 혈관과 심장의 수축력을 회복시켜 고혈압이나 심장질환을 막아 주기도 한다.

생활 속 소금 활용법

염분이 부족하면 자가 면역체계가 무너진다. 체액의 염분이 10%만 부족해도 죽음에 이른다. 또 위산을 분비하지 못해 대사가 제대로 이뤄지지 않아 소화불량, 위궤양, 피로, 불면증 등 각종 질환의 원인이 된다.

어린아이도 짜게 먹으면 물을 찾아 마신다. 옛말에도 "짜게 먹으면 물켜게 되어 있다."고 한다. 싱겁게 먹으면 물을 마시지 않게 되어 탈수가 되고 염증이 생기며, 체액이 탁해진다. 또 장의 연동운동이 안 되어 배설이 원활하지 못해 숙변과 요산이 쌓이고 일산화탄소가 정체되어 만병을 부른다.

소금에는 제염·제독, 살균, 방부, 조혈, 정혈 작용 등 여러 효능이 있다. 소금이 음식의 부패를 막고, 발효를 시킨다. 반찬이 싱거우면 쉬 변하듯이 싱겁게 먹으면 몸도 염증 등 각종 질병에 노출되는 것이다.

장 내부의 오염도는 장 외부의 오염도보다 무려 1,000배가 높다고 한다. 이러한 장 내부의 독소를 제거하고 염증을 잡는 건 항균 작용이 뛰어난 소금밖에 없다.

또한 소금으로 아침저녁 이만 닦아도 치아질환, 입 냄새, 식도염, 갑상선질환 등을 예방할 수 있을 뿐만 아니라, 살균작용으로 감기도 잘 걸리지 않는다. 소금물로 머리를 감으면 가려움이나 비듬이 줄고, 9% 농도의 죽염수를 눈과 코에 넣으면 눈병과 비염을 예방·치료할 수 있다. 화장품 대신 바르면 무좀, 가려움증이나 기미, 잡티를 없애 주며, 밥을 할 때 소금 1%만 넣으면 부드럽고 차지게 해 준다고 하니, 생활 속에서 소금을 적절히 활용하면 건강한 삶을 영위할 수 있을 것이다.

빛(Light)의 작용으로 생성되는 소금

생명의 근원, 빛과 소금

무지개가 여러 색으로 되어 있는 것을 실험적으로 밝혀낸 사람은 뉴턴이다. 그는 빛의 스펙트럼을 프리즘으로 분리하면서 빨주노초파남보의 일곱 가지 색으로 나타냈다. 그 후 뉴턴의 기준이 부동의 것으로 되어 버렸다.

그러나 실제로 빛을 분리하면, 사람은 100가지 이상의 색을 구별할 수 있다고 한다. 그런데 왜 뉴턴은 일곱 색깔로 무지개를 구분한 것일까? 이에 대해서는 여러 가지 설명이 있다.

그중 하나는 성경에서 숫자 '7'은 완전수에 성스러운 숫자였기 때문이라는 설명이다. 중세 유럽은 기독교의 절대적인 영향에 있었기 때문이라는 것이다. 음악의 7개 음계나 별을 태양·달·화성·수성·목성·금성·토성의 7개로 본 것도 이 때문이다.

소리는 공기를 진동시키는 물질파이기 때문에 이러한 소리의 맥놀이 특성이 공기를 통하여 귀의 고막을 울려 우리가 들을 수 있다. 반면에 빛은 물질파가 아니기 때문에 공기를 진동시키지 못하여 이러한 맥놀이 특성이 보이지 않는다. 빛의 파동의 특성에 의한 대표적인 현상이다.

우리 인류 가운데 가장 다수가 숭배하는 신은 빛의 신, 즉 태양신이다. 이는 원시 시대부터 빛의 작용은 과학적인 정리된 언어로는 표현하지 못했지만, 빛과 물, 소금은 생명의 원천임을 알았기 때문으로 보인다. 특히 인류는 빛은 모든 생명을 창조하고 주관한다고 생각하여 태양을 신으로 섬겼다.

우리가 그리스도 예수가 오시기 전, 고대 로마 황제의 칙령을 지금도 전 세계가 지키고 있다는 사실은 재미있다. 로마는 전 유럽을 정복하고 정복당한 다수 및 소수 민족이 가장 많은 수의 백성들이 태양신을 숭배하고 있어 이들에게 유화적 정치적인 속셈으로 칙령을 내리게 되는데, "일주일을 시작하는 날을 '태양의 날(sun day)'이라 정하고 하루 휴식하며 너희 들이 섬기는 태양신에게 경배하라."고 한 칙령이 오늘날까지 인류가 지키는 일주일이다.

빛은 오감을 만들고 광합성을 통하여 모든 생명을 키운다는 것은 이미 18세기부터 연구된 결과다. 그리고 소금의 원료인 바닷물은 태양 빛을 받아 미네랄이 형성되어 있는 것이다.

천일염 생산 과정을 살펴보면, 햇빛과 바람으로 바닷물을 증발하여 소금이 생산된다. 이 과정에서 빛은 광합성(탄소동화작용)으로, 우리 몸의 필수 영양소인 탄수화물, 지방, 단백질, 비타민을 만드는 생명의 근원이다.

빛은 단 1분만 없어도 모든 생명체는 존재할 수 없다. 우리가 먹는 모든 음식물은 빛의 에너지에 의하여 만들어지고, 우리 눈으로 볼 수 있는 모든 색깔도 빛이 만들어 낸다. 태양이 1초에 생산하는 에너지는 지구촌 전체 인류가 100년을 사용할 수 있는 에너지다.

눈으로 볼 수 있는 모든 색, 소리, 냄새, 오감으로 느끼는 모든 감각을 만들어 내는 빛은 에너지 정보의 본질이다.

건강의 척도, 미네랄

미네랄은 빛의 알맹이로서 몸 안에 영양소를 운반하는 생명의 전달자이다. 미네랄은 Ca, Mg, Na, Fe 등 하나의 원소가 영양소인 무기 영양소이다.

인체의 4%는 무기질이고 96%는 유기화합물(물과 단백질)로 구성되어 있어, '빛에너지 덩어리'라고 할 수 있다. 결과적으로 유기화합물인 음식물을 섭취·소화하여 미네랄이 인체 구석구석으로 운반되어 영양분이 산화되는 순간, 에너지가 생성되어 생명이 유지되는 것이다.

자! 이 빛에너지를 인위적으로 포집하여(일명 토션에너지) 물과 소금에 전사를 시켜 미네랄을 다량 함유한 소금은 약 그 이상이다.

미네랄(mineral)은 생명이다. 물론 미네랄은 소금에만 있는 것은 아니고 음식물 또는 물에 있지만, 소금에 존재하는 미네랄과는 차이가 있다.

건강의 척도는 단연 에너지 활성 정도이다. 에너지 활성은 곧 미네랄이 결정한다. 미네랄은 우리 인체의 면역 및 정보 밸런스를 유지시키며, 몸의 일꾼인 효소(酵素)를 움직이는 아주 중요한 역할을 한다.

미네랄의 중요성에 대한 설명은 몇 권의 책으로도 모자란다. 여하튼 모든 정보의 균형을 맞추는 것이 미네랄이다. 정보의 균형이 깨지면 모든 병이 찾아온다.

병을 약으로만 다스릴 수 있다는 고정관념을 버리자. 의성인 히포크라데스는 "음식으로 고치지 못하는 병은 약으로도 못 고친다."라고 하였다. 부산 고등법원 판결문에 "의사가 병을 고치는 것이 아니고 병을 고친 사람이 의사다."라고 판결한 바도 있듯 정확한 병 치료에 대한 정보가 중요하다.

미네랄의 꽃, 마그네슘

평소 식생활을 통해 섭취하는 마그네슘이 부족할 경우, 관상동맥 심장질환이 발병할 확률이 증가한다고 한다. 미국 일리노이 주 시카고 소재의 노스웨스턴 대학 의대 연구팀은 총 2,977명의 남녀 성인들을 대상으로 흉부에 대한 컴퓨터 단층촬영(CT)을 통해 실험한 결과, 평소의 마그네슘 섭취량이 관상동맥 내부의 칼슘 수치와 반비례 관계를 형성했다는 결론을 도출해냈다.

또 마그네슘 결핍은 골다공증의 발생 원인으로, 척추, 대퇴부 골밀도 향상에도 관여한다. 이스라엘 텔라이브대학 연구팀이 실험용 쥐들을 대상으로 1년여 동안 마그네슘을 풍부하게 함유한 사료 또는 마그네슘 함유량이 부족한 사료를 공급한 결과

이 같은 결론을 도출해 냈다. 전 세계적으로 골다공증 환자수가 3,000만 명에 달하는 이때 주목할 만한 대목이다.

　미네랄 부족으로 이유 없이 아픈 증상을 호소하는 환자는 늘어만 가는데, 병원에 가도 뾰족한 진단과 치료를 받지 못한다. 손 저림, 입 마름, 손톱이 잘 부러짐, 혹이 잘 생김, 만성피로, 불면, 기립성 저혈압, 생리통, 스트레스, 가려움증 등 질병인지 아닌지 모호한 증상이 많다. 이런 사람들은 좋은 소금으로 미네랄(무기질)을 보충하시길 바란다. 특정 미네랄이 부족한 경우 이를 보충하는 것만으로도 신통하게 나을 수 있기 때문이다.

　국내 일부 병원에서는 대한임상영양학회 소속 의사를 중심으로 미네랄 치료가 시도되고 있다고 한다. 미네랄이란 일종의 광물질로, 인체 구성 성분으론 3%밖에 차지하지 않지만 생명 현상에선 없어서는 안 될 중요한 물질이다. 대표적인 다량 원소로는 칼슘, 인, 칼륨, 유황, 나트륨, 염소, 마그네슘 등이 있고, 미량원소엔 철, 망간, 동, 요오드, 아연, 몰리브덴, 불소 등이 포함된다.

　자신의 몸속에 미네랄이 적당한지를 알려면 모발 검사를 받아야 하는데, 미네랄 검사에서 부족 판정이 가장 빈번한 미네랄은 마그네슘과 아연이라고 한다. 이 중 마그네슘은 우리 몸에서 일어나는 300가지 이상의 효소 반응 시 없어서는 안 될 미네랄로, 우리 몸에 힘을 주고 피로를 막아 주는 물질인 ATP의 생성 과정에서도 꼭 필요하다.

마그네슘은 (Mg+)은 칼슘(Ca+)과 매우 긴밀하게 작용한다. 세포 내의 비생리학적(NonBiological) 칼슘의 배출과 생리학적(Biological) 칼슘의 흡수에 중요한 역할을 담당한다. 마그네슘(Mg+)은 세포 내에 존재하면서 에너지 생산을 총괄하는 효소계(EnzymeSystem)의 70%에 관계하며, ATP를 ADP로 전환시키는 에너지 전환 작용에 절대적으로 필요하며, 혈관확장, 근육경련 방지 등 자율신경에 중요한 작용을 한다.

눈가 떨리는 현상에는 미네랄(마그네슘)이 부족이다. 눈꺼풀, 눈 떨림 현상은 대부분 마그네슘 결핍에 의하여 나타난다. 또 마그네슘이 부족하면 쉽게 피로를 느끼고, 불안, 짜증, 우울감이 밀려오는데, 서구식 식사를 즐기는 사람에게 결핍증이 자주 나타나며 스트레스를 받을 때 마그네슘이 가장 많이 소모된다고 한다. 운동을 하는 도중에도 근육에서 빠져나간다. 이러한 마그네슘은 심혈관, 뇌혈관의 이완을 도와 협심증, 심근경색, 뇌졸증 등 혈관 질환을 예방하며, 혈압을 떨어뜨리고 손발이 자주 저리고 집중력이 떨어지는 것도 막아 준다. 또한 생리통, 생리 전 증후군의 치료에도 유용하다.

남성 호르몬을 관장하는 아연

미네랄 중 하나인 아연은 남성 호르몬과 연관이 있다. 남성

호르몬, 즉 테스토스테론은 남성의 성기능을 비롯한 활력, 심혈관, 근육, 기분에 이르기까지 온몸에 영양이 안 미치는 곳이 없을 정도로 남성에게는 매우 중요한 호르몬이다.

테스토스테론은 40세가 넘어서면서 서서히 감소하기 시작한다. 나이가 들면서 중성화되기 때문인데, 남성 갱년기의 가장 큰 원인은 아연 부족이다. 아연이 많이 부족하면 뇌하수체로부터 고환에 테스토스테론을 생산하도록 하는 명령체계에 문제가 생긴다. 또 아연은 아로마타제의 레벨을 억제해 여성 호르몬인 에스테로겐의 증가를 막는다.

2부

몸에 좋은
소금 만들기

소금! 우리 몸 안에 흐른다

피가 콩팥을 지나 걸러지고 오줌으로 배설될 때, 우리 몸의 세포 내 소금의 농도가 일정하게 유지될 수 있도록 조절되고 나머지 소금은 배출된다.

소변의 배설, 소금의 양 조절 등은 뇌에 전달되는 신호에 따라 필요한 호르몬이 생산되어 콩팥에 적절한 명령이 내려진다. 이 때 바소프레신은 콩팥에게 소변 배설 중지 명령을 내려 탈수를 방지하는데, 이는 반대로 목마름을 느껴 물을 더 마시게 하는 신호다.

세포 내에는 칼륨(포타슘) 이온이 더 많이 존재하며, 세포 내 효소의 활동을 조절한다. 그리고 세포막 밖에 존재하는 나트륨 이온은 세포 내외 체액의 수분 함량이 균형을 이루도록 한다. 이 두 이온은 우리 몸에서 신경계의 전기신호와 직접적인 연관성을 가진다.

우리 몸에 가장 많이 있는 무기질은 칼슘이다. 쉬고 있는 신경 축삭 돌기막 밖은 양전하를, 내부는 음전하(−)를 띠고 있으며 약 −50㎷의 전위차를 보인다. 그러나 세포 안으로 나트륨 이온이 들어가고 칼륨 이온이 세포 밖으로 방출되면, 전위가 0 볼트를 거쳐 약 +50㎷까지 커진다. 그다음 다시 휴식 단계로 되돌아간다.

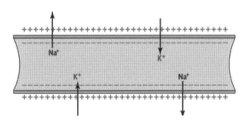

(a) 휴식상태. 세포막 밖은 양전하(+)를, 안은 음전하(−)를 띠고 있다.

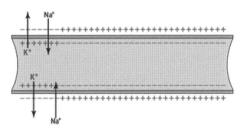

(b) 나트륨 이온의 세포 내 침투와 칼륨이온의 방출은
세포막 안팎의 전위차를 역으로 바꾸는 판극변화현상을 야기한다.

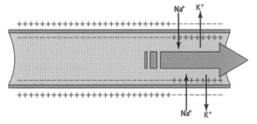

위의 현상을 정리한 그림

신경 자극은 이 같은 편극 소거 전위차 변화가 신경을 따라 전파되는 현상이다. 전기병인설에서는 이같이 전위 밸런스를 유지하는 모든 행위를 치료 행위라고 한다. 약, 음식, 운동 등으로 인체의 전위 밸런스를 0.06㎃로 유지시키면 자가면역력이 유지되어 정상적인 건강함을 유지할 수 있다.

인체 세포막을 나트륨 이온과 칼륨이온이 가장 신속하게 통과할 수 있기 때문에 이 두 이온이 세포 내외에 존재하도록 인체가 구성되어 있는 것이다.

소금에 관한 오해와 진실

저염식을 하라?

식품 중 많은 사람들이 가장 크게 오해하고 있는 것이 바로 소금이다. 소금에 대한 오해로 저염식을 하라는 말에 세뇌가 되어 있는데, 과연 진실은 어떠한지 바른 정보를 알아보자.

보통 '저염 소금'이라고 판매되는데, 이를 입맛에 맞추려면 많은 양을 사용하게 된다. 소금에 녹아 있는 나트륨이 몸속에 증가하게 되면, 세포 외액의 수분이 증대하고 체내의 수분은 정체하게 된다. 이때 칼륨이 증가하면 수분 배설이 촉진된다.

나트륨과 칼륨의 균형이 잡혀 있다는 것은 탈수나 부종을 일으키지 않고 정상적임을 의미한다. 이처럼 소금은 물과 산소와 면역력을 유지하는 중요한 역할을 하는 것이다. 그러나 저염식의 결과, 물을 충분히 섭취하지 못하여 몸속 물 부족으로 탈수 상태가 된다.

우리가 음식을 먹지 않고 오랫동안 버틸 수는 있지만, 소금과 물을 먹지 않고는 오래 버틸 수 없다. 소금은 생존을 위해 필수적이고 대체재 또한 없다.

소금은 세포막 전위차의 유지, 체액의 삼투압 유지, 신경세포의 신호 전달, 영양소 흡수 등 생체의 다양한 기능 유지에 관계하고 있다. 따라서 소금의 농도, 즉 주요 성분인 염소와 나트륨농도의 정밀한 조절은 인간 생존을 위해 절대적으로 중요하다.

2011년 미국 의학 협회지에 보고된 논문에 의하면, 3,681명을 소금을 많이 먹은 그룹(하루 소금 14.6g), 중간 그룹(9.65g), 적게 먹은 그룹(6.2g)으로 나누어 약 8년간 조사한 결과, 소금을 적게 먹은 그룹의 심혈관 질환 사망률이 가장 높았고, 많이 먹은 그룹의 사망률이 제일 낮았음이 밝혀졌다.

또한 태아 시절 또는 젖을 떼기 전에 소금 제한이 있으면 성인이 되어 인슐린 저항성이 증가하고(2004), 여성의 경우에는 지방조직의 양이 증가할 가능성이 있다(2008)는 연구 결과도 보고되기도 했다.

2012년 보고된 미국 고혈압학회지 논문에 따르면, 하루 8.7g 이상의 소금을 섭취한 그룹과 6.9g 이하의 소금을 섭취한 그룹의 혈압을 비교해 보니 소금을 적게 먹은 그룹이 혈압은 약간 낮았으나 레닌, 콜레스테롤, 알도스테론, 중성지질 등 심혈관 질환을 악화시키는 인자들이 증가한 점이 관찰됐다.

그리고 최근에는 세계의학계에서 가장 영향력이 있는 단체 중 하나인 미국의학학술원(IOM)은 소금을 너무 적게 섭취하면 건강에 문제가 생긴다는 내용의 새로운 보고서를 냈다. 이전까지는 하루에 나트륨 2,300㎎(5.8g 소금) 이하의 섭취를 권했으나, 지금은 이 이하의 섭취가 건강에 좋은지 과학적 근거가 부족하다는 결론을 내린 것이다.

물은 생명의 근원으로, 우리 몸의 70%를 유지해야 한다. 소금은 물과 산소와 면역을 주관하는 건강의 핵이다. 저염식 결과, 물도 충분히 섭취하지 못하고 몸속에 보유하지도 못해 탈수 상태를 맞이하곤 한다. 그러니 맹목적인 저염식은 잘못된 정보다. 다행히도 점점 소금의 중요성을 알고 열심히 먹는 사람이 늘고 있다.

소금은 선택이 아니라 필수다

어떤 소금을 어떤 방법으로 먹느냐만 생각해야지, 안 먹을 수는 없는 것이 바로 소금이다. 나트륨이 부족하면, 단 5분 이내에 사망한다는 사실이 이러한 소금의 중요성을 입증한다.

우리 몸의 모든 신경 전달은 나트륨에 의존하기 때문에 체내 염분이 부족하면 전위차가 발생하지 않아 인체의 어떤 기관도 작동할 수 없다. 탈수 후 과도한 수분 섭취가 위험한 것은 체액의 나트륨 농도가 낮아져 심장이 뛰도록 신경전달을 하지 못하기 때문이다.

그러나 오늘날 각종 TV 방송이나 언론을 통해 많은 사람들이 소금을 마치 무조건 배출해야 되는 것처럼 이야기하고 있다. 특히 의학과 생리학을 공부한 의사들이 방송에서 이러한 이야기를 한다는 것은 도무지 이해할 수 없는 일이다. 그들은 과거에 공부한 인체 생리학은 다 잊어버린 것일까?

사람의 건강과 생명을 책임져야 할 의사들이 인체의 생리학을 무시한 위험한 발언을 하는 것은 정말 심각한 사회적 문제이다. 부디 그들이 하루 빨리 올바른 정보를 접하고 대중들에게 바른 지식을 전달하기를 진심으로 바란다.

심지어 여전히 소금이 고혈압의 원인 물질이라고 말하며 저염식을 넘어 무염식을 강조하는 이가 있다면, 이 책을 비롯해 세상에 나온 수많은 연구 결과를 정독하여 자신의 건강과 환자들의 건강을 지킬 수 있었으면 한다.

소금은 고혈압의 원인 물질도, 칼슘을 배출하는 물질도 아니다. 적게 먹을수록 체액량이 줄어들어 혈액을 농축시키고 혈액

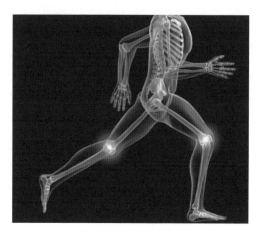

소금은 신진대사를 활발하게 한다

의 점도를 높여 빠르게 늙고 병들게 할 뿐이다. 실제로 현명한
의사들은 고혈압 환자들에게 더 많은 소금을 섭취할 것을 권하
고 있다.

실제로 고혈압, 당뇨, 고지혈증, 암 환자들의 치유를 위해서
는 더 많은 소금 섭취가 필요하다. 소금은 혈압을 안정화시켜
주고, 치솟는 혈당을 낮추어 준다. 또 소금은 지방을 흡착 · 분
해 · 배설하며, 불필요한 지방을 효과적으로 연소시켜 준다. 그
리고 혈행을 개선하고 새로운 세포들의 재생을 도우며 인체의
대사율을 향상시켜 준다. 암세포는 설탕을 좋아하고, 소금을
싫어한다.

소금은 그 자체만으로도 다양한 효능이 있지만, 가장 우선이 되는 기능은 우리 몸을 이루는 체액의 재료가 된다는 것이다. 맑고 풍부한 혈액은 건강의 기본이다. 그리고 이 혈액이 바로 '소금+물+산소'다. 즉, 우리 몸이 필요로 하는 공기, 물, 소금을 충분히 공급해 주는 것이 좋은 음식의 섭취보다도 우선이 되어야 한다는 것이다. 충분한 소금과 물을 꾸준히 섭취하면 우리 몸은 체액을 충분히 확보하고, 맑고 풍부한 혈액을 유지하게 되어 혈압은 안정화되기 시작한다.

당연한 이야기지만, 체액이 충분히 공급될 때 우리 몸속 세포는 건강하게 유지된다. 건강한 사람의 몸에는 0.9% 염도의 맑고 풍부한 혈액이 전신을 순환한다. 소금의 섭취가 감소하면 체액이 부족해지고 혈액도 줄어드는 것이 당연하다. 농축된 혈액이 전신을 순환할 때, 우리 몸은 결코 건강할 수 없다.

우리가 종교에 맹목적으로 달려들어 믿기만 한다면 옛날의 사이비종교 집단처럼 허망함을 당하듯이 나를 지켜 줄 건강 상식은 바로 알고 생활에 실천하는 것이 좋다. 짜게 먹으면 암, 중풍, 당뇨, 고혈압 등 온갖 질병의 원인이라고 하지만, 그런 근거는 어디에도 없다. 단적으로 싱겁게 먹어서 병을 고치거나 암을 고친 사례도 없다. 이걸 '현대판 미신'이라고 하는 것이다.

아무리 소금이 좋다고 먹으려 해도 몸이 적정량만 받아들인다. 물과 공기도 마찬가지다. 지혜가 있어야지, 잘못된 상식은 독(毒)

이다. 독을 약으로 전환시킬 줄 아는 지혜라면 걱정이 없다.

그런 독을 빼고 약성만 증가시킨 천일염은 보약이다. 이걸 먹어 건강을 잘 유지하고 일평생 살아간다면, 오랫동안 건강히 살고자 하는 인류의 소원이 이루어지는 것이다. 소금은 그 어떤 것도 산화를 못하게 한다는 것은 누구나 알고 있는 상식이다. 소금만 좋은 걸 먹어도 국민건강보험료는 현격히 떨어질 것이다.

소금, 짜게 먹어도 해가 없다

신장의 비밀

우리 몸은 자율조정 능력(항상성)이 있어, 공기·물·소금을 필요한 만큼만 인체에서 사용하고 배출하는 기전을 가지고 있다. 이에 따라 인체는 물(H_2O)과 소금($NaCl$)의 필요량 이상을 신장을 통해 쉽고 빠르게 배설하기 때문에 나트륨 과다 복용에 대해 걱정할 필요가 없다.

정상적인 사람의 신장은 매일 25,000㎖의 나트륨을 여과할 수 있는데 이는 무려 나트륨 1.5kg에 해당하는 양으로, 소금으로 치면 2.25kg이다. 짠 음식을 하루 종일 먹든, 소금을 작정하고 먹든 2.25kg의 소금을 먹기는 쉽지 않을 테니 절대 염려하지 않아도 좋다.

소금, 혈관 청소부

소금은 가장 우수하고 강력한 혈관의 청소부이다. 좋은 음식이나 비싼 보약이 아닌, 소금과 물로 우리의 혈액을 정화시키고 혈류를 개선시킬 수 있다. 몸에 이용되고 남은 양의 소금은 노폐물, 중금속, 지방을 흡착해 배출하는 고마운 일을 하기 때문이다.

우리의 몸은 여분의 소금을 쉽고 빠르게 배출시키지만 부족한 소금을 만들어 내지는 못한다. 우리가 아무리 좋다고 공기, 물, 소금을 일부러 작정하고 먹어도, 우리 몸은 적정량 이상을 섭취하지 못한다. 오히려 결핍 상태가 지속되면 더 큰 문제를 야기하는 것이 바로 공기, 물, 소금이다.

대부분의 미네랄은 과잉 섭취에 대한 부작용이 있을 수 있다. 그러나 소금은 유일하게도 과잉증이 없는 미네랄로, 생명체가 가장 먼저 요구되는 필수 미네랄이다.

칼륨과 나트륨 사이, 균형 잡힌 건강으로

오늘날 많은 전문가들은 칼륨을 많이 섭취할 것을 권장하고 있지만, 만약 소금 섭취를 제안하고 칼륨을 많이 섭취한다면 이는 우리 몸에 끔찍한 결과를 초래할 것이다.

지금 바로 검색창에 '칼륨', '신장'이라고 검색하면 과잉 칼륨 섭취가 신장질환 환자들에게 얼마나 치명적인지를 입증하는 기사와 주의사항이 수백 건 검색되는 것을 확인할 수 있을 것이다.

칼륨이 풍부한 음식을 섭취할 것을 강조하는 것은 건강하게 나트륨, 칼륨, 물을 충분히 섭취해 균형을 이루고 있는 사람에게나 해당하는 말이다. 그렇지 않은 사람에게 고 칼륨 식품을 과도하게 권장하고 소금 섭취를 제안하면, 오히려 생명에 큰 위험을 초래할 수 있다. 칼륨의 섭취만을 늘리고 나트륨을 줄이면 세포 안과 밖의 나트륨과 칼륨 간의 균형이 깨져 칼륨이 세포 내부로 유입되지 못해 우리 몸은 위험한 상태에 이르게 되기 때문이다.

또 과도한 칼륨 섭취는 천식을 유발하는 원인이 되기도 한다. 아이의 건강을 위해 매일 과일주스를 챙겨 주는 부모들 중에서는 실제로 아이가 심한 천식을 일으키는 경우가 많다. 의학박사 F.뱃맨 갤리지는 그의 저서 『물, 치료의 핵심이다』를 통해 칼륨의 과잉 섭취로 인한 천식 발작에 대해 언급한 바 있다.

이럴 때에는 혀 위에 소금 알갱이를 얹어 녹여 먹게 하는 것만으로도 아이의 천식을 치료할 수 있다. 실제로 칼륨이 많은 주스, 과일 스무디 등에 소금을 첨가해 먹으면 나트륨, 칼륨, 물의 균형이 맞추어져 좋은 식품이 될 수 있다.

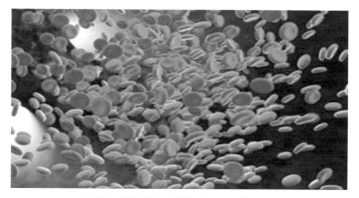

인체에 이온화된 물이 혈액을 활발히 순환시킨다

그러나 요즘처럼 저염식을 하고 과도한 칼륨의 섭취를 오래도록 지속하면, 알 수 없는 여러 가지 몸의 이상으로 고통을 경험할 수밖에 없을 것이다. 생명이 태어난 바다를 떠난 세포에게 찾아오는 불균형은 결국 재앙을 부를 뿐이다.

우리가 먹고 있는 소금의 현주소

소금이 우리의 건강을 위협한다

그런데 이렇게 중요한 소금에도 각종 문제점이 따른다는 사실을 알고 있는가? 천일염을 제조할 경우에는 많은 인력과 시간이 필요할 뿐만 아니라, 이렇게 제조된 천일염도 최근에는 근해의 해수오염으로 우리 건강을 위협하고 있는 실정이라고 한다.

미국의 환경감시단체는 서해안과 맞붙어 있는 황해를 제2의 사해, 즉 죽은 바다로 규정했다. 중금속인 수은, 납, 비소 등과 생활폐수, 황사 등으로 심각하게 오염되어 있어 이러한 바닷물로 생산한 소금이 안전하다고 말할 수는 없다.

모든 염전에서 이런 식으로 부유물질을 제거하고 소금을 생산한다고 보면 된다. 따라서 만약 바닷물이 부유물질이 아닌 중금속이나 기타 화학물로 오염된 경우는 염전을 더 이상 운영하면 안 되는데, 현실은 다르다.

후쿠시마 원전 사고 이후로 일본에는 오이 모양의 토마토가 열리는가 하면, 감자가 가지처럼 변하여 생산되고 있어 매스컴에 소개된 바 있다. 당장은 음식에서 크게 변화를 느끼지 못하지만 음식에 의한 내부 피폭은 최대한 피해야 한다. 이렇듯 일본 바다의 오염은 심각하나, 현재 별다른 대책이 없다.

우리의 식생활에 없어서는 안 되는 이 소금이 심각하게 오염되어 우리의 건강을 위협하고 있다. 태양열로 오염된 해수의 수분을 증발시켜 만드는 천일염의 경우, 해수가 이미 폐수와 여러 중금속에 오염되어 있고, 비소 · 납 · 수은 · 카드뮴 · 불용분 · 사분 등 유해 물질이 포함되어 있기 때문이다.

이런 천일염의 경우, 우리나라에서는 법적으로 광물로 분류하였기 때문에 중금속에 대한 규제가 없는 실정이었다. 중금속에 대한 규정을 2012년 늦게나마 설정하여 발표하였다.

그러나 바닷물에 오염으로 식품 의약품 안정청에서도 별다른 대안이 없어 불용분(물에 녹지 않는 성분) 0.15 이하, 황산이온 5.0 이하, 사분 0.2 이하, 비소 0.5 이하, 납 2.0 이하, 수은 0.1 이하, 카드뮴 0.5 이하를 허용하는 기준을 발표하였다.

만일 소금이 아닌 기타 모든 식품에서 이 같은 중금속이 나왔다면 온 나라가 떠들썩하게 매스컴에 오를 일이다. 그러나 소금만은 별 대안이 없어 이같이 규정하고 있다.

소금에는 아황산가스, 탄산가스 등의 가스와 염소, 구리, 나트륨, 아연, 마그네슘, 납 등 인체에 해로운 불순물이 포함되어 있는데 이 불순물을 제거하기 위하여 천일염을 볶거나 굽는 방식을 사용하고 있다. 높은 열을 가하면 비소와 납 등이 제거되기 때문이다.

그런데 이 과정에서 다량의 다이옥신이 발생된다는 문제점이 있다. 다이옥신은 발암 물질로 염소 화합물의 불완전 연소 과정에서 만들어지는데, 소위 '고엽제'가 다이옥신이라는 것이다. 이 과정에서 다이옥신도 나오지만 중금속이 프라이팬에 흡착되므로 1회 사용하고 버려야 한다. 그러나 아예 소금 볶는 전용 프라이팬으로 몇 년을 사용하는 웃지 못할 일을 하고 있다.

대나무나 황토 옹이에 600도 이상 최소 10시간은 고온에서 구워야 구운 소금이라 할 수 있다.

:: 식품의약 안정청 천일염 중금속 규정과 해수 정수 후 시험 ::

항 목	천일염 규격	정수 후 성적 내용
염화나트륨(%)	70.0 이상	87.1
총염소(%)	40.0 이상	53.0
수분(%)	15.0 이하	7.9
불용분(%)	0.15 이하	0.00
황산이온(%)	5.0 이하	0.2
사분(%)	0.2 이하	0.0
비소(%)	0.5 이하	0.0
납(%)	2.0 이하	0.0

수입산 소금은 더 심각하다

수입 암염을 분쇄하여 만드는 분쇄염에는 더 큰 문제가 있다. 분쇄염을 만들 때 소금이 쉽게 굳어지지 않게 하기 위해 고결방지제를 첨가하는데, 고결방지제를 쓴 분쇄염에서 독극물인 청산가리 성분인 포타슘 페로시아 나이드가 검출되어 매스컴을 통하여 세간에 큰 충격을 주었다. 그러나 지금도 김치 · 장류 · 염장미역 · 젓갈 등의 식품 가공에 사용하고 있는 실정이다.

한 실험에서는 분쇄염이 섞인 사료를 닭에게 먹인 결과, 닭의 털이 빠지는 등 이상 현상이 나타나 분쇄염의 사용을 중단한 바도 있다. 이렇듯 이런 나쁜 소금은 우리의 건강을 크게 위협한다. 그리고 일부 업자들은 원가 절감을 위해 쓰레기 소각장 부산물 염을 섞어 만든 소금을 생산해 내고 있는데, 이는 청산가리 소금보다 더 위해하다.

또한 1997년 소금 시장이 개방된 후 많은 염전들이 문을 닫아, 간장이나 된장에도 수입산 소금을 사용하는 실정이다. 2001년 에는 중국산 소금의 절반 이상이 국내산으로 둔갑하여 유통되었다. 중국산일 경우 지하수로 만든 것도 있어 크롬·우라늄 등에 노출될 우려가 있고, 청산가리 성분인 포타슘 페로시아나이드가 섞여 있는 것으로 알려졌다.

현재 국내에는 염전의 부족으로 국내 소금 소비량의 18%밖에 생산할 수 없어 80% 이상을 수입염에 의존할 수밖에 없는 실정이어서, 새로운 염전의 개발과 생산성의 향상이 요구된다. 하지만 염전의 개발을 위해서는 많은 용지가 필요한데, 이러한 용지의 사용에 비하여 경제성이 떨어져 비효율적이어서 실질적인 염전의 개발이 요원한 상황이다.

정부에서도 그 심각성을 알고, 2014년 12월 23일부로 소금산업 진흥법을 발효시켰다. 자세한 법령에 대해서는 뒤에 부록으로 첨부하였다.

우리 몸에 좋은 미네랄 소금

무독성 무공해 천일염, 빛나래 미네랄 소금

소금만 잘 쓰면 그 어떤 양념도 필요 없다. 소금 상식을 바로 알고 이제는 좋은 소금을 취식하여 건강을 지키자! 이제 '중금속 제거 – 원적외선 전사 – 산소 용존 – 물 분자 육각수화 및 천연 미네랄 전사 과정'을 통해 깨끗한 소금을 생산할 때가 왔다. 해수 속에 미네랄을 잘 보존하면서 유해성분을 제거한 무독성 무공해 천일염이 반드시 필요하다.

천연 미네랄이 풍부히 살아 있는 소금이란 무엇일까? 빛나래 미네랄 소금은 바닷물 속의 미네랄 성분을 그대로 보존하면서 천연 미네랄 함량을 배가시킨 pH8.5 이상의 알칼리성 미네랄 소금이다. 이같이 생산된 소금은 우리 인간의 생명 유지에 꼭 필요하다.

투어멀린(電氣石)을 이용한 좋은 소금

투어멀린(電氣石) 메커니즘(기계 내에서 과업을 수행하는 부분)을 이용하여 '회전전자파에너지'를 발생시켜 이를 해수와 식수에 전사시키고 물에 분자를 파이화하고 물속에 중금속을 완전 제거해 미네랄 농도를 높이고 산소를 주입하는 기계 장치를 필자가 제안하여 한 기업에서 개발·생산하여 작은 보람을 느낀다.

투어멀린(電氣石)은 원석이나 분말이 수분에 닿으면 순간적으로 방전한다. 이때 물은 전기 분해되고 물 분자(H_2O)는 수소이온($H+$)과 수산이온($OH-$)으로 분리된다. 분리된 수소이온($H+$)은 마이너스 전극에 끌려서 거기에서 방출되는 전자와 결합되어 중화되고 수소가스(H_2)가 되어 증발한다. 즉, 물이 알칼리 이온화가 된다. 또 수산이온($OH-$)은 주변의 물 분자와 결합하여 하이드록실(H_3O_2) 음이온이라고 하는 계면활성물질이 된다.

빛에너지 및 투어멀린(電氣石)의 전하를 기억한 소금은 인체 내에 물을 파이워터화시키고 육각水로 변하여 우리 인체에 흐르는 전류 양과 같은 0.06mA의 전류가 흘러 이를 발산하여 몸에 전류가 과잉전류나 미약 전류를 본래의 상태로 복원시킨다. 이를 통해 면역력을 회복되게 하여 혈액 순환을 활발히 시켜 모든 병에 자정능력으로 만병을 물리칠 수 있다.

투어멀린(電氣石)의 특징

첫째, 전기석은 초전 효과로 작은 열을 가하면 더 큰 열을 내는 성질과 압전 효과로 작은 힘을 가하면 큰 힘을 내는 성질이 있어 태양빛에 초전 효과를 내어 소금이 결정되는 시간이 5배 빠르고 결정이 보석같이 아름답다.

둘째, 전기석은 우리 몸에 흐르는 0.06mA와 같은 전기를 염수에 전사시켜 소금으로 결정되어 음용하므로 우리 몸에 전위

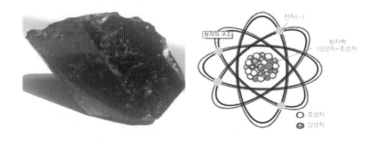

밸런스를 고르게 하여 본래 면역력을 회복시켜 건강을 지킨다.

전기병인설(電氣病因設)을 살피면 몸에 전위 밸런스가 흐트러진 상태 즉 과잉전류나 미약전류가 흐르는 상태를 병(病)이라 하고 이를 고르게 하는 것이 모든 치료 행위라고 정의한다. 즉, 우리 몸에 자정능력 면역력을 회복하여 치료하는 것이 의료 행위이다.

셋째, 육식 공해 스트레스로 산성 체질화되는 현대인을 음이온이 전사된 소금을 섭취함으로써 약알카리화시킨다.

넷째, 토션수기 에너지 전사 장치기를 통과하여 이물질과 중금속을 제거한 염수를 투어멀린 타일 염전에 염수를 투입하여 소금결정을 생산하여 고 품질의 소금을 얻었다.

다섯째, 소금의 미네랄은 유지시키고 원적외선 에너지와 음이온과 우주에너지를 전사시킨 약이 되는 소금이다.

제5의 힘, 토션에너지

앞서 빛에너지를 인위적으로 포집하여(일명 토션에너지) 물과 소금에 전사를 시켜 미네랄을 다량 함유한 소금은 약 그 이상이라고 설명한 바 있다. 그렇다면 토션에너지란 정확히 어떤 것일까?

물리학의 용어인 "토션필드"는 자연계의 중력, 전자기력, 강력, 약력 외에 존재하는 제5의 힘이라고 정의한다. 물질에 최소 단위인 원자는 원자핵을 중심으로 전자가 회전하고 있다. 이때 발생하는 회전 에너지를 "토션 에너지" 또는 "토션 필드"라 한다.

물질의 각 원자마다 핵과 전자의 스핀과 또 원자의 물리적 회

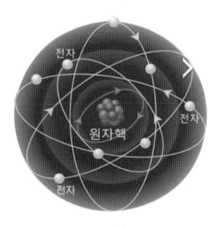

토션장

전이 편극화되며, 각각 원자의 토션장들이 중첩되어 물질의 전체적인 토션장이 공간에 표현된다. 즉, 각 물질마다 독특한 토션장이 형성되는 것이다.

그리고 회전하는 물체의 회전 및 스핀의 각 속도가 일정하고 변화하지 않는다면 토션장을 공간에 형성하며, 회전의 각 속도가 계속 변화한다면 동적인 토션장을 형성한다. 동적인 토션장에서는 전파되는 토션파가 발생한다. 정적 토션장은 매우 약해서 측정이 거의 불가능하나 동적 토션장은 전달받는 물체의 스핀에 영향을 미치기 때문에 측정이 가능하다.

미네랄 소금의 작용

미네랄은 마그네슘, 철, 붕소, 규소를 말한다. 미네랄이 바닷물에 녹아 몸에 좋은 영향을 주는 소금이 되는 것이다. 미네랄 그 자체가 미량이지만 염수에 녹아 나와 몸에 좋은 영향을 준다. 마그네슘은 세포를 활성화하고, 철은 혈액 운반의 역할을 하는 헤모글로빈을 생성하는 데 중요하다. 그리고 붕소는 피부 등의 새로운 세포를 만들며, 규소는 피부의 오염을 제거하고 흰 피부로 만들어 주는 미백 효과로 미용에도 큰 작용을 한다.

그렇다면 미네랄 소금은 어떤 작용을 할까?

첫째, 세포를 활성화한다. 세포는 얇은 세포막으로 둘러싸여

『동의보감』에 "塩은 塩으로 치료한다"고 정의하고 있다

있다. 세포막에는 나트륨 효소가 존재하여 세포 속의 칼륨이온과 세포 밖의 나트륨이온을 교환하며 영양이나 산소를 수송하고 이산화탄소나 노폐물을 배출한다. 체내에 받아들여진 음이온은 세포막에 압력을 가하여 세포의 이온 교환을 돕는 작용을 한다.

둘째, 혈액을 정화한다. 세포의 활성화로 신진대사가 활발해진 결과로 혈액은 정화된 상태를 유지한다. 또 음이온은 동맥경화를 비롯한 성인병의 원인이 되는 혈청콜레스테롤을 억제한다. 나아가서는 혈액 중의 세균을 잡고 살균하는 매크로살균바이러스를 활성화하여 면역력을 높인다.

단 하나의 해결책, 재제염

그럼 무슨 소금을 먹을까? 답은 하나다. 우리 몸은 깨끗한 물과 공기 그리고 깨끗한 소금을 원한다. 지극히 당연한 것이다. 우리는 깨끗한 소금, 물, 공기를 몰라서 섭취하지 못하는 것이 아니라, 실정이 안 되어서 그렇게 하지 못하는 것이다.

이같이 국내 염전의 부족으로 수입 소금에 의존할 수밖에 없는 실정이라면, 그 수입 소금이나 국내산 소금을 깨끗하게 씻어서 불순물이나 중금속을 제거하고 먹으면 되지 않을까?

해결 발명 요지

1. 본 발명에서는 재제천일염을 제조할 경우에 수입 소금이나 국내산 소금(이하 "원염")을 녹여 환원 정수기를 통과시켜 불순물과 중금속을 제거하고 염수 25도로 맞추어진 것을 빛에너지(우리 몸에 자가 면역력 유지는 0.06mA의 전하유지가 필수)를 전사한 후 일정 온도를 가하여 일반 천일염 제조 방법으로 재결정하는 방법이다.

2. 본 발명에서 제조된 재제천일염에는 식약청 천일염의 규격에 비해 비소가 전혀 검출되지 않고, 불용분이 0%이므로 물에 완전 용해되어 침전물이 없는 재제 천일염을 생산한다.

3. 또 다른 목적은 중금속을 완전하게 제거하여 생산함으로써 사용자의 건강을 유지함에 기여할 수 있도록 하고, 원적외선 기능을 가진 무공해 재제천일염이 기존의 소금 또는 일반적인 천일염과 차별화된 친환경 재제천일염을 제조하여 올바른 소금 먹거리를 제공하기 위함이다.

4. 우리가 식생활상에 필수 요소인 소금을 생산함에 있어서 고부가가치를 갖도록 생산하여 수출이 가능토록 하고, 자연환경 파괴와 생태계의 불균형으로 공해 환경이 심각한 현대사회에서 지속적으로 가해지는 유해 파장의 간섭으로 인체의 기본 파장 흐름이 변화하게 되고, 이러한 상황들이 질병과 스트레스 상태 등을 유발하는 원인이 되고 있음에 주목하여 재제천일염을 인체에 해로운 세균, 독성화학물질 및 중금속 등으로부터 완전 탈피한 친환경이면서도 원적외선을 방사토록 하는 재제천일염을 생산·공급함으로써 인체에 이로운 원적외선 등을 비롯하여 음이온이 방출하는 것을 특징으로 한다.

본 발명에서는 염도 3~4도의 바닷물을 염수탱크로 유입토록 하고 상기 염수탱크에는 파이프라인을 통하여 인입인출라인을 형성토록 하고, 상기 인입인출라인은 숯가마와 연결토록 하여 인입인출라인을 가열토록 하며 인입인출라인의 가열열에 의하여 염수 탱크의 바닷물에 수증기를 발생토록 하여 수증기를 오부로 배출토록 함으로써 숯가마 열에 의한 인입인출라인에 의하여 염수탱크에 충전된 바닷물을 히팅하여 증발토록 하면 송풍기로 과열 수증기를 배출하고, 이렇게 함으로써 염도가 17~24도까지 되는 해수로 제조토록 한 후 결정지로 보내 천일염을 채염하는 것이다.

또한 상기 3~4도의 바닷물은 투어멀린을 이용하여 원적외선을 소금의 원료인 바닷물에 전사시키고 이물질과 중금속을 제거하여 적정산소를 공급하고 미네랄을 살린 소금을 생산할 수 있도록 한 것이다. 〈발명특허명칭 :환원수 정수장치 제10- 2018-0064643호〉를 참조하면 된다.

기술의 효과

1. 저수조 1개당 198㎡(60평) * 5개= 992㎡(300평)의 작은 면적에서 염도를 23%로 응축하여 결정지 염판으로 이동하여 5시간이면 소금 결정체를 생산할 수 있다.

2. 바닷물에 염도는 26%부터 소금으로 결정되며 염도 30% 이내에서 소금이 된다.

3. 염도 25%의 염수를 직접 결정지로 이동하여 2시간 이내에 생산을 함으로써 대량의 천일 재제염을 생산하는 효과를 구하였다.

4. 근해의 바닷물 오염이 심각한 입장에서 본 발명을 통하여 이물질과 중금속을 완전히 제거한 청정 천일재제염을 얻었다.

5. 투어멀린의 효과를 본 소금 제조 과정에 염수에 전사를 하여 건강 기능성 소금을 생산하게 되었다.

본 발명에서는 재제천일염을 제조할 경우에 소금을 공기 좋고 일정한 높이를 갖는 고지대에서 일반 오염된 소금을 녹여 염수 25도로 맞추어진 염수를 정수 및 염수에 에너지 전사를 한 후, 이를 숯가마 시스템(참숯을 생산하는 과정에 대량의 폐열을 이용)을 활용하여 재제 천일염을 제조하고자 하는 것이다.

본 발명에서 제조된 재제천일염에는 식약청 천일염의 규격보다 비소가 전혀 검출되지 않고, 불용분이 0%이므로 물에 완전 용해되어 침전물이 전혀 없는 재제천일염을 생산할 수 있다.

또 다른 목적은 중금속을 완전하게 제거하여 생산함으로써 사용자의 건강을 유지함에 기여할 수 있도록 하고, 원적외선 기능을 가진 무공해 재제천일염이 기존의 소금 또는 일반적인 천일염과 차별화된 친환경 재제천일염을 제조하여 올바른 소금 먹거리를 제공하기 위함이다.

우리가 식생활상에 필수인 소금을 생산함에 있어서 고부가 가치를 갖도록 생산하여 수출이 가능토록 하고, 자연환경 파괴와 생태계의 불균형으로 공해 환경이 심각한 현대사회에서 지속적으로 가해지는 유해파장의 간섭으로 인체의 기본 파장 흐름이 변화하여 질병과 스트레스 상태 등을 유발하는 원인이 되고 있음에 주목하여, 재제천일염을 인체에 해로운 세균, 독성 화학물질 및 중금속 등으로부터 완전 탈피한 친환경이면서도 원적외선을 방사토록 하는 재제천일염을 생산 공급함으로써 소금에서 인체에 이로운 원적외선을 방출하는 것을 특징으로 한다.

당사 천일 재제 소금, 일명 '에너지 빛 소금'

재제염(再製鹽)이란, '다시 만들어지는 소금'을 뜻한다. 소금 외 불순물을 10% 이상 함유하는 천일염과 달리 불순물 함유량이 0.5% 이하다.

에너지 원염을 맑은 물에 용해시켜 필자가 투어멀린을 이용하여 개발한 정수 환원수기로 정수하여 중금속과 불순물을 제거하고 소금물에 미네랄과 에너지를 전사시켜 다시 천일염 제조방법으로 자연과 바람으로 재결정을 시킨 세계 최초의 방법으로 생산되는 천일 재제염이다. 임의로 타 물질을 투여하여 합성한 소금이 아니다.

천일염이 재제염이나 정제염보다 덜 짜기 때문에 안심하고 먹어도 된다는 일부 주장도 사실과 다르다. 소금(염화나트륨)이

전체 성분의 98~99%인 재제염, 정제염에 비해 천일염은 10~20%에 이르는 수분을 포함하고 있다. 같은 양의 천일염이 다른 소금보다 덜 짜다는 것은 바로 이 때문이다.

하지만 원하는 만큼의 간을 맞추기 위해서는 더 많은 양의 천일염을 넣어야 하기 때문에 결국 섭취하는 나트륨의 양은 똑같다는 것이 전문가들의 지적이다.

전문가들은 소금이란 필요한 만큼의 나트륨과 염소를 섭취하고, 짠맛을 느끼기 위해 먹는 것이기 때문에 특별히 저염 소금은 의미가 없다고 입을 모았다. 프랑스의 유명한 '게랑드 소금'도 역사적 문화적 가치 때문에 고가로 판매되는 것일 뿐, 몸에 더 좋아서 비싼 건 아니라는 뜻이다.

결론적으로, 천일염이 미네랄이 많아 좋다. 재제염은 미네랄이 적다고 주장하는데, 오히려 신안 천일염 이상의 미네랄을 함유하고 있다.

우리나라 소금 시장에서 서로 검증되지 아니한 논리로 논쟁하여 소비자들에 혼란만 주는 지금의 소금시장을 정리하고, 불순물과 중금속이 없고 미네랄이 풍부한 깨끗한 소금을 '좋은 소금'으로 정의하여 국내 및 세계시장을 점유해야 할 때이다.

소금 사업의 기대 효과

소금의 경제적 가치

6-7세기까지 작은 어촌이었던 유럽 베네치아가 10세기 이후에 풍족한 해항도시(海港都市)로서 번영한 원인은 가까운 해안에서 산출되는 소금을 유럽에 팔아 큰 이익을 얻었기 때문이다. 옛날에는 소금이 국가 살림에 근간을 이루었으며 화폐로 사용할 정도로 귀한 것이었다.

프랑스는 게랑드 소금을 국가적으로 브랜드를 고취시켜 작은 마을이 전 세계적인 관광지가 되었고, 소금을 연간 수십억 달러를 수출한다. 100g에 5,400원. 이쯤 되면 금값이다. 국내 한 백화점에서 파는 프랑스 게랑드 소금의 가격이다. 게랑드는 프랑스 서부 브르타뉴에 있는 마을이다.

반면 국내산 천일염은 1,000g에 250원 하는 실정이니, 실로 안타깝다. 대략 21분의 1의 헐값에 유통되고 있는데, 이마저도 염주는 안정된 판로가 없어 각 개인이 판로를 개척하여 다각도로 협동조합을 결성하고 정부 차원에서 지원하는 실정이다.

소금은 녹는 금(金)이다. 지구촌에 사람이 살아가는 동안 소비시장은 무한하다. 독자분들 가운데 소금산업에 관심을 가지고 문의하시면, 필자는 적극 도와드려 우리나라가 소금 산업을 선도하길 바라는 마음이다. 실제로 정부는 소금산업 진흥법을 공

소금과 물, 바로 알면 건강이 보인다

표하고 적극적인 지원을 법제화하였다. 재제염, 천일염 생산, 포장, 판매, 전반에 걸쳐 지원하는 법안이다.

이를 활용하여 소금교육, 소금생산, 관광, 유기농재배를 아우르는 6차 산업을 국내 유휴 산지나 정상적으로 운영치 못하여 방치하고 있는 각종 시설물, 즉 연수원, 폐교, 자연휴양림, 펜션 단지 등등 국가적으로 자원·시설 낭비를 초래하고 있는 시설에 본 소금 사업을 독자님들께 추천한다.

소금의 원자재, 천혜의 자원

우리나라는 10년 후에 무엇으로 먹을까를 걱정해야 한다.

천혜의 자원인 동해안 물이 소금의 원자재다. 이를 활용하여 세계 최고 품질에 소금을 생산하여 고부가가치로 수출하고, 수입염은 다시 녹여 깨끗하게 재결정을 하여 사용하고 재수출하자는 것이다. 다음은 소금 사업의 기대 효과를 아홉 가지로 정리한 것이다.

1. 국가적으로 토지를 효율적으로 사용하여야 하는데, 방치하고 활용 못하는 유휴지나 각종 건물 등이 고부가가치 소금을 생산하는 사업장으로 변화된다.
2. 재제염전 8,000평 내외에서 하루 100톤의 최고급 재제염을 생산할 수 있다.

3. 모든 음식은 소금이 뿌리가 된다. 현재 생산되는 소금의 품질을 세계 최고의 품질로 재탄생시켜 최소 5배 이상 고부가가치 상품으로 변화시킨다.

4. 전국에 건설·운영하여 지방으로 귀농귀촌을 시켜 노인 인구 를 양질의 노동력으로 활용할 수 있다. 인류 건강에 이바지하고 국가 경제 발전에 일익을 담당하자.

5. 염전의 부족으로 소금 소비량의 18%만 생산하고 수입염에 의존할 수밖에 없다면, 저품질의 수입 천일염을 바다가 인접한 토지가 아닌 산(山) 정상에서도 고품질의 천일 재제염을 대량 생산하여 국내 및 수출을 할 수 있다.

6. 각종 식품에 적당한 염도 조정이 된 물 소금을 이용하여 산에서 양질의 각종 건어물 50여 종 생산, 각종 장아찌류 50여 종, 각종 장류 20여 종, 젓갈류 50종, 산오징어 등을 생산하여 고부가가치를 형성, 국·내외에 판매한다.

7. 소금이 형성되는 과정과 채염을 하며 학생들의 체험 교실로서 교육의 장소를 제공한다.

8. 중국, 일본, 동남아시아 및 국내 주부, 등산객 각종 모임 등 관광객을 유치하여 양질의 소금생산 과정과 그 소금을 이용하여 각종 식품이 생산되는 과정을 견학시키며 체험하게 하여 여행을 겸비한 구매·수출·판매를 할 수 있다.

9. 염전 및 농원에서 사용되는 모든 식수 및 농수는 위와 같

이 에너지를 함유한 물로 최고의 힐링 장소가 되고, 각종 농산물은 농약 제로성분으로 유기농이며 수확이 증가하는 모습을 견학시켜 유기농 학교로 활용한다.

이러한 소금 사업의 특징을 살피면 ① 원료가 무궁하고, ② 세금이 없으며, ③ 식품 중 유일하게 유통기한이 없고, ④ 판로가 굉장히 많아 환금성이 좋다. 유럽이나 독일에서 소금의 하루 섭취권장량이 20g에 이르는 것은 이런 까닭이다.

경제협력개발기구(OECD) 회원국 평균 하루 소금 권장량은 5g이다. 그러나 우리나라의 권장치는 1.8g에 불과하다. 제약사나 의료계가 그들 이윤만 생각한 결과가 아닌지 의심하지 않을 수 없다. 정부의 소금 정책이 바뀌어야 한다. 지금처럼 싱겁게 먹어서는 나라의 미래가 없다.

특히 우리 천일염은 1kg에 5만 원이 넘는 프랑스 게랑드 소금보다 황·인·칼륨·칼슘·철·마그네슘·아연·요오드 등 미네랄이 훨씬 더 많다. 그런 천일염은 하늘의 선물이다. 재제염으로 간장·된장·고추장·김치를 담그고, 음식의 간을 잘 맞추어 발효시켜 먹자. 스트레스와 병에 찌든 시대에 좋은 소금과 발효식품은 우리 건강을 손쉽게 지켜 주는 약상(藥床)이다.

생/활/죽/염
Bamboo salt (250g)

국내산 천일염을 자연산 대나무와 함께
구운 식탁용 죽염으로 개발 된
프리미엄급 식탁용 소금입니다.
이제부터, 고급요리에는 청수식품
생활죽염을 사용해 보세요.
가족의 건강과 맛을 더해 드립니다.

원터치 캡,
소금 배출구멍이 기존제품에 비해 넓고
원터치 캡을 적용하여 가정에서 사용시 뭉침이
덜하여 요리시 편리합니다.

물과 소금의 밸런스

우리 인체가 음식물을 소화·흡수하는 데 바로 소금이 삼투압
작용을 한다. 병원에 가면 병명 불문하고 우선 링거주사를 맞는
데, 이는 몸속의 염분 함량을 맞추기 위한 것이다. 링거주사는
생리염수인 소금물이다. 그것은 체내에 염수가 0.9%를 유지해
야 신진 대사가 원만하기 때문이다. 이처럼 우리 몸에 물과 소
금은 일단 기본적인 밸런스가 맞아야 건강을 유지할 수 있다.

유해성분을 제거한 무독성 무공해 천일염

어떤 것이든 자세히 보면 좋은 면과 나쁜 면을 모두 지니고 있다. 지나치게 한쪽 면만 보면 전체를 제대로 이해하거나 바르게 이해하기가 어렵다. 화학 원소 중에서 이런 양면성이 가장 두드러지는 것이 염소이다.

원소 염소는 제1차 세계 대전 시에는 독가스로 사용되어 수많은 사람들을 죽게 한 반면, 표백제와 살균·소독제로 사용되어 많은 사람들에게 편리함을 제공하였고 질병에서 구하였다. 대표적인 염소 화합물인 소금은 음식의 간을 맞추고 보존하는 데 유익하게 사용한다. 또 다른 염소 화합물인 DDT는 병균을 나르는 해충들을 죽이는 살충제로 사용되어 말라리아와 같은 질병으로부터 수많은 생명을 구한 반면, 환경오염 물질의 대명사로 낙인찍히게 되었다.

염소는 지각 암석 무게의 0.0126%(126ppm)를 차지하는 21번째로 풍부한 원소이다. 염소를 포함하는 주된 광석으로는 암염(NaC이 주성분), 포타슘(칼리)암염(sylvite, KCl이 주성분), 카널라이트(carnallite: $KCl \cdot MgCl_2 \cdot 6H_2O$가 주성분) 등이 있다. 바닷물에는 무게 비로 약 1.9%(염분은 3.4%)의 염소 이온(Cl^-)이 들어 있는데, 소금호수나 지하 염수에는 그보다 많은 Cl^-가 들어 있다. 예로, 미국 유타(Utah) 주의 솔트 레이크(Salt Lake)에는 NaCl이 23% 들어 있고, 이스라엘의 사해(Dead Sea)에는 NaCl이 8.0%, $MgCl_2$가 13%, $CaCl_2$가 3.5%의 농도로 들어 있다.

이러한 염분은 인체 내에서 신진대사를 촉진하고 혈관 정화와 적혈구 생성을 도우며 해독 작용, 세포 생산 작용과 함께 체액을 알칼리성으로 유지시킨다.

우리가 먹고 있는 소금의 현주소는 실로 혁신적 개선이 필요한 실정이다. 미국의 환경 감시 단체는 서해안과 맞붙어 있는 황해를 제2의 사해, 즉 죽은 바다로 규정했다. 중금속인 수은, 납, 비소 등과 생활폐수, 황사 등으로 심각하게 오염되어 있어 이러한 바닷물로 생산한 소금이 안전하다고 말할 수는 없다.

이제 천일염을 중금속을 제거한 상태에서 원적외선 전사하고 산소 용존 농도를 높이고 물 분자 육각수화 및 천연 미네랄 전사과정을 통해 깨끗한 소금을 생산할 때가 왔다. 해수 속에 미네랄을 잘 보존하면서 유해성분을 제거한 무독성 무공해 천일염이 반드시 필요하다.

현재까지 바닷물 성분은 85종의 원소가 함유되어 있는 것으로 밝혀졌다. 이러한 원소들을 그대로 포함한 소금은 그 성분들이 인체 내에서 서로 협력하여 인간 생명 유지에 필요한 다양한 기능을 수행한다.

천연 미네랄이 풍부히 살아 있는 소금. 빛 미네랄 소금은 바닷물 속의 미네랄 성분을 그대로 보존하면서 천연 미네랄 함량을 배가시킨 pH8.5 이상의 알칼리성 미네랄 소금이다.

우리가 보는 모든 세상은 118개의 수소 숫자 결합으로 구성되어 있다. 소금은 수소 11개의 결합체이다.

소금은 물성 변화가 매우 다양하여 가공 기술에 따라 1) 수돗물 소독하는 염소를 생산하고, 2) 전기 분해를 일으켜 차하염소산수(Naclo)를 생산하여 주방 세제 및 락스 원료가 된다. 그리고 3) 살충제로 쓰이는 DDT도 소금에서 생산되며, 4) 유태인 학살에 사용된 샤린가스도 소금에서 얻는다. 5) 부패를 방지하고 발효를 시키는 수백 가지 각종 염장 식품도 소금이며, 6) 비염 치료제 및 콘택트렌즈 클린수도 식염수다.

소금에서 인체가 필요로 하는 미네랄은 다른 어떤 식품에서도 취할 수 없다. 이는 곧 "소금을 대신할 수 있는 것은 소금밖에 없다."는 말이다. 따라서 이같이 생산된 소금은 우리 인간의 생명 유지에 꼭 필요하다.

3부

내 몸의 빛,
물과 소금

인체와 바닷물

바닷물의 미네랄을 그대로 유지한 소금

인체와 바닷물의 성분을 비교해 보면, 놀랍게도 그 비율은 똑같다. 이는 바다가 생명을 탄생시킨 원천이라는 진화론을 역설하는 사실적인 증명이다. 필자는 창조론과 진화론은 상관하지 않는다. 다만 소금과 물 그리고 우리 인체와의 관계를 잘 알리고 싶을 뿐이다.

바닷물의 미네랄 성분을 그대로 유지한 소금은 다양한 미네랄 원소를 인체에 공급해 줌으로써 생명 조직의 세포에서 장기에 이르기까지 정상적인 밸런스를 유지할 수 있도록 돕는다.

미네랄 소금은 현대인들에게 부족한 성분을 보충해 주고 생리를 활성화시킨다. 이것의 결과로서 정상의 상태로 환원시키는, 즉 질병을 치료하는 것으로 연계되는 것이다. 미네랄이 풍부한 소금을 섭취하면 소금 속에 들어가는 칼륨, 마그네슘, 칼슘과 같은 미네랄이 물과 함께 몸속의 과다한 나트륨을 소변을 통해 배설시킨다(일본고베 대학 연구).

후쿠시마 원전 사고 이후로 일본에는 오이 모양의 토마토, 감자가 가지처럼 변하여 기형으로 생산되고 있어 매스컴에 소개된 바 있다. 당장은 음식에서 크게 변화를 느끼지 못하지만, 음식으로 인한 내부 피폭은 최대한 피해야 한다. 그러나 현재 일본 바다의 오염은 심각하나 별다른 대책이 없다. 이렇게 오염된 바다에서 소금을 얻어서는 건강한 소금, 좋은 소금이라 할 수 없을 것이다.

소금에 녹아 있는 미네랄은 생체전기를 전달하는 전해질이다. 미네랄은 몸에 흡수되면 대부분은 골격근 및 조직에 유기체(단백질)와 결합하여 유기 미네랄 상태로 존재하며, 일부는 체액(세포 내액과 세포외액)에서 무기 미네랄 상태(이온)로 체액과 함께 전신을 순환한다.

(+)(−)전하를 띠고 있는 이온 미네랄은 생체전기의 전달뿐만 아니라 물의 이동(삼투작용), pH조절(약알칼리 유지), 효소반응의 촉진 등의 생명의 활성(Active) 작용을 주도하는 물질로 작용한다.

세포막 사이의 생체전기는 보통 약50㎷(1V=1,000㎷)쯤 되는데, 모든 세포들은 자신의 생체전위를 대사과정을 돕거나 조절하는 데 사용하지만, 어떤 세포들은 독특한 생리적 역할을 수행하기 위해 특수하게 사용한다.

생체전기(生體電氣, bioelectricity) 생물체내에서 생기는 전위, 전류를 말한다. 생체전류는 이온(+) 혹은 (−)전하를 띤 원자나 분

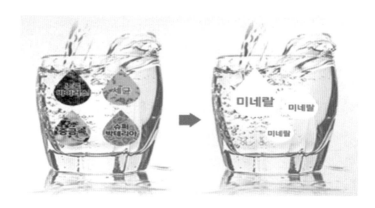

자)의 흐름으로 되어 있는 전해질이다. 전해질은 체액 내에 있는 무기성으로 된 산, 염기들이다.

유기적 복합체(단백질, 지방, 탄수화물, 비타민)들은 비전해질인 분자 상태로서, 이온으로 나누어지지 않아서 전류가 통하지 않는 물질이다. 설탕물이나 글루코스는 물에 녹기는 하지만 이온화되지 않고, 분자 그대로 남아 있다.

전해질은 양이온과 음이온으로 분리된다. 양이온(positive ions, anions)에는 마그네슘이온($Mg+$), 나트륨이온($Na+$), 칼륨이온($K+$), 칼슘이온($Ca2+$)등이 있다. 음이온(negative ions, anions)에는 염화이온($Cl-$), 황화이온($S2-$), 산화이온($O2-$), 황산이온($SO42-$)등이 있다.

투어멀린을 활용한 건강한 물과 소금

환경의 오염으로 식수 및 농수 축산물 양어장, 염전 등 심각한 오염으로 예기치 못한 각종 질병과 토양의 산성화, 기형 식물의 탄생이 화두로 떠오르고 있다. 그중에서도 특히 소금에는 그 오염도가 심각한 실정이다.

이에 저자는 투어멀린을 활용하여 물에 에너지를 전사시키고 중금속을 완전히 제거하여 살아 있는 물로 환원시켜 식수, 농업용수, 양어장, 축산, 소금 제조를 위한 염수에 사용토록 하여 각종 오염 문제를 해결한 정수 장치 '토선매직 환원수기'를 개발한 것이다.

투어멀린은 물을 바꾸고, 몸을 바꾼다. 인체의 60~70%는 물로 되어 있다. 체내에 들어간 물은 소화기를 자극하고 혈액이나 림프액의 흐름을 좋게 하여 몸의 신진 대사를 높이고 영양이나 산소를 구석구석까지 운반한다. 또한 노폐물의 배출하고, 독소를 땀으로 배출하게 한다.

이때 노폐물 배출 작용은 소금의 역할이다. 소금은 노폐물이나 중금속을 흡착, 즉 소제한다. 그래서 희게 한다는 뜻으로 흴 소(素)를 쓰는 것이 어원이다.

결과는 당 농원에서 좋은 물과 에너지 소금을 많이 마시면 체질은 저절로 개선되고 각종 병이 있더라도, 자연 치유력이 높아져 약에 의지하지 않고서도 건강을 지킬 수 있다.

우리들이 평소 먹고 있는 수돗물에는, 염소나 트리할로메탄이라고 하는 독소가 포함되어 있다. 이러한 독소를 제거할 수 있는 방법이 바로 투어멀린을 활용한 물과 소금인 것이다. 그렇다면 투어멀린은 어떤 효과가 있을까?

먼저, 투어멀린에 접촉시킨 환원수기 물은 활성수가 된다. 즉, 악취나 몸에 나쁜 요소의 근원인 물 분자의 결합인 클러스터가 파괴되고, 염소나 트리할로메탄 등의 독소가 분해된 '맛있는 물'로 변한다. 이 클러스터가 작은 물이 몸에 좋은 이유는 물 분자의 작용이 활발하여 체내에서의 흡수가 용이해지기 때문이다.

또, 투어멀린은 물을 음이온화하기 때문에 슈퍼산화물, 히드록실 래디칼, 활성산소를 환원하는 작용도 있다. 즉, 음이온이 강력한 산화 작용을 갖는 활성 산소를 무독화하는 것이다.

그리고 투어멀린은 물을 약알칼리화한다. 투어멀린 광석을 분말화하여 다시 기공을 지닌 5mm의 볼을 수돗물, 지하수 바닷물을 교반을 통한 와류기능을 가진 하우징 속에 통과시키면 물이 전기분해를 일으키고 '히드록실 이온'이라고 하는 계면활성물질을 만드는 동시에 물을 pH7.5 정도의 약알칼리화하는 작용이 있다.

이와 같은 물을 마시면, 인간의 체액은 점점 약알칼리성의 성질을 갖게 된다. 약알칼리성의 활성수를 계속 마시면, 몸의 자연 치유력이 높아져 병을 극복할 수 있다.

소금과 물, 바로 알면 건강이 보인다

또한 투어멀린을 형성하고 있는 미네랄 그 자체가 미량이지만 물에 녹아 나와 몸에 좋은 영향을 준다. 미네랄은 마그네슘, 철, 붕소, 규소를 말한다. 마그네슘은 세포를 활성화하며, 철은 혈액 운반의 역할을 하는 헤모글로빈을 생성하는 데 중요하다. 붕소는 피부 등의 새로운 세포를 만들며, 규소는 피부의 오염을 제거하고, 흰 피부로 만들어 준다.

10여 년간 소금에 대한 연구로 소금물(바닷물)을 정수(중금속 제거) 및 에너지 전사 미네랄 함유하는 기계를 개발·발명하여 특허 출원하였다. 또 본 기계를 통과하여 제조된 소금을 한국식품 연구소에 시험 의뢰한 결과, 중금속(비소, 납, 카드뮴, 수은, 페로시안화이온) 불검출 성적서를 받았다.

염수정화장치 4단계의 특수공법으로 해수를 정화 및 에너지를 전사하여 이를 통해 만들어진 pH8.5 이상의 알칼리성 미네랄 소금에는 중금속이 없다. 해수정화장치를 거치면서 칼륨이온과 풍부한 천연 미네랄을 보강시킨 해수를 소금을 생산하여 알칼리성 미네랄 소금으로 재탄생하게 되는 것이다. 이 과정을 통한 소금이 사람의 몸과 가장 친화력이 있는 소금이다.

음식이나 재료 본연의 맛을 살려 주고, 맛이 부드럽고 담백한 알칼리성소금은 소금에서 쓴맛을 내는 성분인 간수 속의 염화마그네슘($MGCL_2$)을 다른 성분으로 전환시켜 쓴맛이 없고 부드럽다.

물과 소금 그리고 뇌

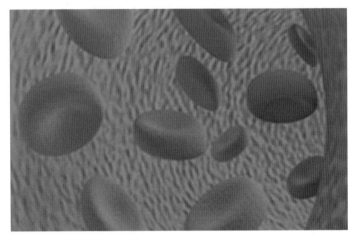

염도 0.9%의 혈액이 활발하게 순환하는 모습

우리는 평소에 특별히 의식하지 않고 숨을 쉬고 있다. 그리고
이 호흡이라는 행위를 통해 우리는 생명 유지에 필요한 '산소'를
얻는다. 호흡을 통해 들어온 산소는 혈액이라는 0.9% 염도의
소금물을 통해 세포로 전달된다. 즉, 혈액이란 적혈구, 백혈구,
혈소판, 영양이 떠다니는 산소, 물, 소금 이라고 볼 수 있다.

산소와는 달리 물과 소금은 인간의 의도적인 섭취를 통해서
만 체내로 유입되게 된다. 따라서 물과 소금을 규칙적으로 잘
보충하는 것은 숨을 쉬는 것만큼이나 중요한 일이다. 우리는
끊임없이 산소, 물, 소금을 배출하고 있기 때문에 인체가 매일

필요로 하는 산소, 물, 소금을 규칙적으로 잘 보충해야 한다.

인체는 지방을 저장하는 것과는 달리, 초과되는 여분의 산소, 물, 소금을 보유할 어떤 수단도 갖고 있지 않다. 물과 소금은 불가분의 관계로, 함께 작용한다. 체내에 적정량의 소금기와 물이 부족하면 혈액 순환이 곤란하고 신경이 약해져 인체 내 노폐물이 축적되어 늘 피곤함을 느낀다.

술 마신 다음 날에는 뇌에 물이 부족하여 자꾸 물을 찾게 된다. 뇌에 수분이 부족하면 뇌는 에너지를 쓰기 싫어하는데, 이 현상이 바로 '짜증'으로 두통까지 수반한다. 하단전(下丹田)에 의식을 두어야 착한 사람인데, 물기가 부족하니 하단전에 수분이 증기가 되어 올라오는 것을 짜증이라 한다.

이러한 짜증은 얼굴로 많이 드러나는데, 이러한 이유로 얼굴은 실상 뇌의 일부분이라고 생각하면 된다. 얼굴의 어원은 얼의 굴절, 즉 사람의 생각을 외부로 표현하는 거울이라는 뜻이다. 그래서 관상만 보아도 과거와 현재를 볼 수 있는 것이다. 따라서 뇌에 수분을 충분히 공급하는 것이 건강의 지름길이다.

하루에 알칼리수를 2리터씩 꼭 음용하는 것이 좋다. 중요한 것은 뇌에서 '아! 물이 들어왔구나. 온몸에 필요한 곳으로 보내야지.' 하고 인지하게 되는 양이 500cc이기 때문에, 몇 번에 나누어 먹더라도 1회에 500cc는 먹어야 한다는 점이다.

물을 먹으면 30분 이내로 뇌와 혈관에 침투하여 각자의 임무를 수행한다. 새삼 깨끗한 물을 먹어야 하는 것을 느낄 것이다.

물에 투어멀린 정보를 입력해야 하는 이유

'세계적인 물 박사'로 통하는 일본의 에모토 마사루 박사는 물에도 감정이 있다며, 건강하고 행복하려면 깨끗한 물을 많이 마시라고 말한다. 1994년 도쿄의 작은 사무실에서 물을 얼린 후 결정을 촬영하는 실험을 시작한 그는 시작한 지 5년 만에 물의 결정을 찍는 데 성공했다.

일본에는 말에 영혼이 깃든다는 '고토다마' 사상이 있다. 그는 물의 결정을 촬영하면서 긍정적인 말과 글을 접한 물의 결정은 아름다운 반면, 부정적인 말과 글을 접한 물의 결정은 일그러져 있는 것을 발견했다. '고마워'라는 글자를 보여 준 물은 깨끗한 육각형 결정을 만들었고, '바보'라는 글자를 보여 준 물은 시끄러운 음악을 들려주었을 때와 마찬가지로 결정이 제멋대로 흩어져 찌그러져 있다는 것이다.

10년이 넘게 물 결정 관찰을 통해 이 같은 사실을 알게 된 그는 일본뿐 아니라 세계 각지를 돌며 깨끗하다고 알려진 자연수, 몸에 좋다는 평을 받는 물이 병을 낫게 한다는 샘물을 촬영하면서 아름다운 결정체를 보이는 물과 그렇지 않은 물이 있다는 것을 알게 됐다.

모든 물질과 감정, 생각은 파동으로 이뤄져 있기 때문에 이 파동이 물에 영향을 주어 구조를 결정하게 되며, 종이에 적은 글자나 음악 역시 고유한 파동을 간직해 물이 반응한다는 것이다.

국내 전문가들도 "아침에 먹는 물 한 컵은 보약과 같다"며 건강에서 물이 차지하는 중요성을 강조한다. 청정에너지의 주요 원천인 물이 좋은 점은 얼마가 초과되든지 몸속의 노폐물을 소변으로 배출된다는 점이다. 또한 물이 충분히 섭취되면 지방은 여러 단계를 거쳐 연소된 뒤 폐 속에서 이산화탄소로 변환되어 죽게 된다. 그래서 물은 날씬한 몸매를 가꾸어 주는 천연 식품이다.

물은 이 세상 어느 물질보다 기억력이 우수하다. 물에게 말, 음악, 생각, 냄새 즉, 오감을 주면 물 결정이 달라진다는 에모토 마사루 박사의 실험이 이를 증명한다. 우리가 물을 마시기 직전까지도 물은 순간순간 변한다.

앞장에 소개한 바와 같이 투어멀린(電氣石)은 스스로 전기를 띠고 있고 영원히 그 기운을 유지하는 천연 콘덴서로서 물을 투어멀린(電氣石) 하우징에 통과시키면, 통과된 물은 즉시 투어멀린 성분을 기억하고 자기 발진 상태가 되어 우리 몸에 전위 밸런스를 맞추어 본래의 면역력을 유지시켜 질병 예방 및 치료효과를 나타낸다.

기억력이 가장 우수한 물에 투어멀린(인터넷 검색창 '투어멀린', '전기석', '토르말린')의 정보를 입력하여, 이상적인 물과 소금을 생산하여 먹고 기초 건강을 지키자!

물 소금 사용법

소금의 원료인 바닷물 환원수기

보통 소금은 고체로 생각한다. 그러나 소금 생성 과정에서 염도 10도 정도 된 염수를 고성능 환원수기로 에너지 전사 및 중금속 제거를 하고 미네랄을 증가시킨 물 소금은 용도가 다양하다.

예전에 물류비용 문제로 우리는 고체소금을 다시 물에 녹여 액체 소금으로 하여 대부분 사용하였는데, 이젠 원염을 생수에 녹여 각 사용 기능별 염도를 조절하여 정수 및 환원시켜 액체 소금을 사용하여 편리성과 경제성을 추구할 때다.

소금과 물, 바로 알면 건강이 보인다

 염도 10%의 완전 정제된 물 소금을 황칠 나무와 달여 대나무 통에 담아 10일 이상 숙성하면 대나무속 아미노산이 물 소금에 우러나와 장 청소 및 식용으로 적당하다.
김치를 담을 때 소금으로 배추를 절인다는 의미는 배추속에 수분을 소금이 흡착하는 것이다. 같은 원리로 대나무 통에 정제된 물 소금을 담았을 때 대나무의 영양분을 고스란히 물 소금으로 온다.
"황칠나무"를 검색하면 그 효과 효능을 알 수 있다. 소금과 황칠 대나무의 효능을 이상적으로 담은 것이다.

용도별 사용 방법

1. 장 청소 및 다이어트 미용에 아주 좋다.

2. 샴푸는 되도록 아주 적게 혹은 아예 사용하지 않고 마지막 헹구는 물로는 그냥 물 대신 농도 10%의 물 소금에 헹군다. 탈모방지 및 비듬 피부병에 좋다.

3. 세수를 하면 피부에 세균이 달라붙는 것도 방지할 수 있다.

4. 농도 10%의 물 소금을 탄 물에 야채를 데치면 야채의 엽록소가 파괴되지 않도록 해 준다. 야채의 색깔이 싱싱하고 푸르게 보인다.

5. 물 소금을 스프레이 통에 담아 계란 프라이, 생선구이, 나물무침 등 요리에 적당히 뿌려 주면 맛이 골고루 배어 새로운 경험을 할 것이다.

6. 소금은 꼭 쳐서 먹어야 한다는 고정관념을 버리고 물 소금으로 간장을 담그면 담그기가 쉽고, 소금에 쩐 내가 없어

맛있다.

7. 무좀 등의 피부병, 특히 아토피에 살짝 뿌려 주면 신통하다.

8. 야채 겉절이용으로 사용하면 편리하고 맛이 고루 잘 절여
   진다.

샴푸와 비누를 물 소금으로!

일본(日本) 저자 우츠기 류이치(宇津木龍一)는 일본 최고의 안티에
이징 전문 의사로, 샴푸의 유해성을 폭로하며 일본에서 '물로만
머리 감기 열풍'을 일으킨 장본인이다.

저자는 반복되는 두피의 붉은 발진으로 고통받다 샴푸의 성
분에 관심을 갖고 조사하기 시작했다. 그 결과, 샴푸에는 계면
활성제를 비롯해 40여 가지의 유해성분이 함유되어 있음을 알
았고, 이후 7여 년간 샴푸와 비누를 전부 끊고 물로만 머리 감
기를 실천해 왔다.

물로만 머리 감기를 시작한 지 3주째부터 병들었던 두피와 모
발이 회복되기 시작해 3개월째부터 푸슬푸슬 내려오던 머리카
락에 힘이 생겼고, 반년이 지나자 모발의 끈적임과 불쾌한 냄
새가 사라졌으며, 3년째부터는 모발이 굵어지고 머리숱이 늘어
나는 경험을 했다.

에너지가 함유된 물 소금으로 1차로 머리 감기와 세수를 하고
물로 가볍게 헹군다. 소금은 천연적으로 계면 활성 효과가 있

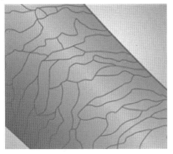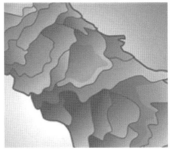

건강한 모발(좌)과 건강하지 않은 모발(우)

어 염도가 2% 정도의 물로 여러 번 머리를 헹구고 비누나 샴푸를 쓰지 않고 세안을 하면 의외로 잘 씻기는 것은 물론, 개운하고 아토피 여드름 피부병에 아주 효과적이다.

샴푸를 쓰면 피지 양이 점점 많아지고 피부가 얇아진다. 샴푸는 모발과 두피에 있는 피지를 제거하는 역할을 하는데, 이때 두피에 필요한 피지마저 송두리째 없애기 때문에 오히려 피지샘이 지나치게 발달하는 역효과가 나타난다. 그 결과, 머리카락으로 공급되어야 할 영양분이 피지샘으로 흡수되어 버려 머리카락이 영양 부족 상태에 빠지고 굵은 머리카락이 가늘고 짧은 솜털 머리카락으로 변하게 되는 것이다.

실제로 약 10만 개의 모공에 샴푸의 화학 성분이 들어가 모발에 악영향을 끼친다고 한다. 또한 샴푸의 계면활성제에는 세포에 손상을 입히는 '세포독성'이 있으며, 피부의 방어막을 뚫고

들어가 두피뿐만 아니라 전신 건강에도 악영향을 준다.

샴푸의 주성분은 계면활성제이기 때문에 피부의 방어막을 곧장 허물고 피부에 침투한다. 피부에 붙이는 소염진통제나 스테로이드제가 모공을 통해서 흡수되는 것처럼 샴푸에 들어 있는 다양한 화학물질이 머리를 감는 동안에 두피의 모공으로 스며들고, 헹궈도 씻기지 않고 남아 있고 머리를 감은 뒤에도 모공을 통해서 계속 피부 속으로 흡수된다.

샴푸를 끊고 물로만 머리 감기를 실천하기만 해도 대부분 이러한 부작용에서 벗어날 수 있다. 그리고 청정 물 소금으로 감을 때 몸속에 염도가 맞으면 침투하지 않고, 모자라면 모공을 통해 스며든다.

여기서 더 나아가 몸과 얼굴을 씻을 때도 바디클렌저나 비누, 세안제 등을 사용하지 않고 물로만 씻을 것을 권한다. 실제로 물로만 머리 감기를 꾸준히 실천하는 사람들의 상당수가 몸과 얼굴을 씻을 때도 물로만 씻는 것을 실천하고 있다고 한다.

물 소금 요법 적용 사례

비염과 명현 현상

"비염 증상이 좋아진 지 한 일주일 정도 되었는데요. 비염 증상이 아직도 조금 남아 있어요. 콧물도 나고 기침도 조금 있고요. 비염 증상이 사라진 때부터 하루에 3번 소금물을 마시던 것보다 조금 더 짜게 해서 자주 마시고, 짠 반찬들도 자주 먹었는데 과욕을 부린 것인지 속도 뭉치는 것 같고 목이 아프고 10% 정도의 비염 증상이 끈질기게 남아 있네요.

잠도 많이 오고 부종도 있는 것 같아요. 언제쯤 말끔히 비염 증상이 사라질지 궁금합니다. 소금물 농도를 줄여야 할까 봐요. 그리고 정말 엄청나게 졸립니다. 이번 주말 정말 겨울잠 자듯이 20시간을 잤습니다. 어떻게 이렇게 잘 수 있는지 저도 신기하네요. 블로그를 찾아보니 명현 현상 중 졸음이 있다고 하니 다행입니다."

균형을 추구하는 몸

"신기한 것은 그동안 단것들을 많이 먹어 와서인지 설탕이 들어가면 몸의 균형이 딱 맞는지 비염 증상이 사라집니다. 그간 먹어 왔던 설탕이 들어오길 바라는 것을 보면 몸은 균형을 추구하나 봅니다. 서서히 엄청났던 설탕 섭취량은 줄어 가고 짠 것들은 맛있게 먹어 가면서 몸의 균형이 새로이 맞춰지기를 바라야지요.

소금물을 마시고 건강이 좋아지면 체력적으로 무리를 하거나 소금물을 많이 마시는 과욕을 부리지 말라고 해 주신 충고가 참 감사하네요. 제가 빠지기 쉬운 함정 같아요. 마음을 잘 다스려

야겠습니다. 예전에도 한번 소금물을 시도한 적이 있었고, 건강 관리를 할 때마다 느끼는 것은 정말 건강 관리는 약 먹고 운동한다고 되는 것이 아니라 마음 관리의 지혜가 필요한 것 같습니다. 마음을 많이 뒤돌아보게 되네요."

자신감이 생기다

"제가 소심하고 우울하고 피곤함을 잘 느꼈는데 요즘은 힘과 활력이 생길 때가 많이 있습니다. 머리도 맑아지고 지력도 다시 생기는 것 같고요. 스스로 ADHD와 우울증이 아닐까 싶을 정도로 산만하고 우울함을 잘 느꼈는데 왠지 모를 자신감이 생기네요. 이런 변화가 저를 참 기쁘게 하네요!"

편식, 무서운 습관

"종아리에서 계속 쥐가 나고 팔이며 다리며 온 몸에 힘이 들어가지 않았습니다. 또 저혈당증이 심했습니다. 현미채식과 저염식의 폐해에 대한 글 속에서 저와 같은 증상을 발견했네요. 저도 딱 이랬습니다. 편식을 하니까 당분만 당기고 움직이기 싫어지고 어지럽고 다리에 쥐가 나고 걷기가 어렵더군요. 그런 날은 악몽도 꾸었고요.

편식은 무서운 습관이네요. 저도 밥 따로 물 따로도 해 보고, 배○○의 생채식도 해 보고, 황○○ 박사님의 현미/과일/채소

식사도 해 봤습니다. 그때만 좋아지는 것 같고 다시 단것들이 너무나 먹고 싶고 늘 기운이 없더군요. 건강에 매달릴수록 뭔가 이상해지니까 이러다가 폐인이 되는 것이 아닐까 하는 공포스러운 생각도 했습니다.

요즘 마음 관리와 지혜에 대해서 생각을 많이 하는데요. 건강 관리에 힘쓰면서 세상 사람들과 다른 식사법을 하면서 건강해진다는 자아도취에 빠져 있었던 것 같습니다. 특별한 병이나 심각한 감기 같은 질병이 없으니 언뜻 건강한 것 같긴 한데 활력, 기운이 없고 몸 상태가 정지된 것 같더군요. 늘 뭔가 꼬여 가는 기분이 들었는데 아마 자아도취 같은 자만심이 있었던 것 같습니다. 그런 자만심이 필요한 이유는 존재에 대한 불안감과 열등감 때문이 아니었나 싶어요.

특별한 건강법 없이 그저 국에 밥 말아서 잘 먹고 잘 살면 되는 것이었습니다. 솔직히 말해서 어려서부터 굉장히 예민한 성격이라서 깔끔하게 밥 먹기 위해서 국을 안 먹었습니다. 반찬 많이 먹는 친구들 보면 이상해 보이고 갑갑하기도 했고요. 국을 안 먹는 제 모습이 깔끔해 보인다고 생각했습니다.

이제 와서 보니까 제가 참 거만하고 혼자만의 착각 속에 살았네요. 이제 자아도취 버리려고요. 이제는 저를 옭아매던 건강 관리라는 올가미를 던져 버리려고 합니다. 그저 맛있게 밥 먹고, 활동적으로 활동하면서 살고 싶네요."

물 소금 장 청소

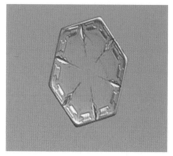 

물 소금의 육각수 분자 사진

올바른 장 청소법

1. 장 청소 하루 전날 저녁은 음식을 가볍게 먹는다.

2. 잠자기 전 미리 종합 구충제를 복용해도 좋다.

3. 아침에 일어나자마자 1%의 소금물 1.8ℓ(여자는 1.5ℓ)를 6~10회 나누어 20~30분 안에 모두 마신다.

4. 중간에 배 마사지나 요가를 하면 20분~1시간 안에 설사를 하게 된다(처음 설사 후 생수 1컵을 마시고 복부운동, 두 번째 설사 후 일반 생수 반 컵 마시고 복부운동을 하는 식으로 설사 때마다 생수를 1컵씩 마시고 복부운동을 한다).

5. 설사를 4~6회 정도 쭉쭉 하고 나면, 나중에는 맑은 물 같은 형태로 깨끗이 나온다.

소금과 물, 바로 알면 건강이 보인다

6. 설사 중지 20~30분 후 샤워하고 가벼운 식사를 하면 된다. 단, 20분 이내에 마셔야 하니 속이 찬 사람은 주의해야 한다.

경험담(남·38세)

"집에 와서 물 10 대나무 물 소금 2의 비율로 냉장고용 물통에 부었죠. 음… 천천히 나무젓가락으로 휘저어 잘 섞이도록 제조 완료! 그때까지 제 마음은 편안했습니다. 그래 봤자 물일 테니까…. 군대에 있을 시절에 포카리스웨트 2병도 한 번에 마신 나인데 이걸 한 번에 못 마실까 싶었죠.

한 잔을 딱 빠르게 들이키고 나니 약간 어지러운 게 그래도 견딜 만했습니다. 두 잔은 뭐 거뜬했죠! 적응이 된 거죠. 세 잔도 마찬가지입니다.

그렇게 다섯 잔. 아! 여기서부터 고비가 오더군요. 막 목구멍에서 뭔가가 꿈틀대는 느낌…. 나는 먹은 게 없는데! 계속 올라오려고 하고 매스껍더군요. 그리고 억지로 정말 필사의 힘을 다해서 소금물 1,800cc를 다 처리하고 의기양양하게 웃었습니다.

그리고 30분 후, 드디어 신호가 오더군요. '이게 인터넷에서 말하던 그것인가?' 했는데, 솔직히 제 내장에 있는 가스가 다 뿜어져 나오는 줄 알았네요.

제가 듣고도 솔직히 민망한 소리들이 엉덩이에서 나오는 것 아니겠습니까? 거의 제 엉덩이가 혐오스러울 정도로 다양한 것이 나오고, 엉덩이로 거의 오줌을 싸는 경험을 했던 것 같네요. 세상에 이런 일도 있구나 싶었습니다.

그리고 5~10분 동안 3~4번의 변의(?)가 있었고 그때마다 내 엉덩이는 발악을 했었죠. 그리고 샤워를 할 수밖에 없었고, 변기를 깨끗하게 청소할 수밖에 없었다는 사실….

그리고 다음 날 제 얼굴은 정말 백옥같이 하얗고 뽀얗더군요. 몸속에 있던 변들이 안녕하고 난 뒤에 그 가벼움이란!

일단 두 가지 시련이 있는데, 첫 번째는 소금물을 다 먹는 것이 하나의 시련이고 또 다른 시련은 바로 엉덩이의 반란."

소금의 여러 가지 약리 작용

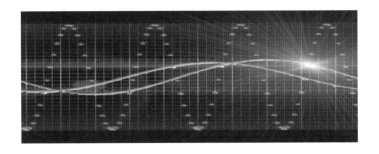

인체에 대한 소금의 약리 작용은 아주 다양하다. 제대로 알고

소금과 물, 바로 알면 건강이 보인다

쓰면 생활에 무척 유용하며, 때론 천하의 명약이 된다.

소금은 진정한 맛의 왕초다. 소금 속에는 시고 쓰고 달고 매운 맛이 다 들어 있다. 짜다는 말은 그런 오미가 잘 짜여 있다는 데서 나온 말이다. 신맛, 쓴맛, 단맛, 매운맛을 확고하게 혼합하면 짠맛이 나온다.

예전엔 아이가 이불에 오줌을 쌌을 때, 소금을 얻어 오라고 했다. 자다가 오줌 싸는 일이 죄가 되는 일은 아니지만, 소금을 얻어 오는 과정에서 자신의 몸과 마음을 정화하는 의미가 있다. 그뿐만이 아니다. 소금에는 신장, 방광을 튼튼하게 하는 힘이 있다.

그리고 질병으로 인해 소금을 멀리해야 할 경우, 가급적이면 깨소금을 쓰도록 한다. 소금과 깨가 혼합되면 혈압을 유발시키는 소금의 응고력이 깨로 인해 제거되면서 기운이 부드러워지기 때문에 해가 거의 없어진다. 그래서 옛 선조들은 아이들에게 깨소금을 먹이는 지혜로움을 발휘했던 것이다.

소금은 '사랑'이라는 에너지로 뭉쳐져 있어서 사기, 잡균, 세균이나 미생물이 번식할 틈을 주지 않으며 오랜 시간이 지나도 변함없는 성질을 가지고 있다. 소금을 불에 태우면 노란 불꽃을 내면서 분해되는 것을 볼 수 있는데, 이 노랑은 7가지 빛 중에서 사랑의 빛이다.

하늘의 음식, 곧 천식(天食)이 소금, 물, 공기다. 이는 영양은 없을지 몰라도, 우리 몸을 소제(정화·정제)하는 데 필수적 요소로 작용한다.

소금은 물에 잘 녹는다. 우리의 인체에 좋은 것을 주고 나쁜 것을 제거해 주는 역할을 하는 아주 자비로운 성질을 지녔다. 또 소금에는 사기를 쫓아내고 정화하는 성질이 있어서 옛날부터 집안 구석구석에 곰팡이가 잘 슬 만한 곳에 소금을 놓아두거나 기분 나쁘게 하는 사람이 오갔을 경우 소금을 뿌려 그 사기의 흔적을 지우기도 한다.

소금은 기(氣)를 잘 통하게 하는데, 살아 있는 모든 생물의 몸속에는 소금 성분이 있게 되어 기(氣)를 통하게 한다. 밋밋하기 그지없는 알로에 속살도 완전히 수분을 증발시키면 마치 소금을 뿌린 것처럼 짜다. 자주 어지럽고 현기증이 나거나 기운(氣運)을 잘 쓰기 힘들 때, 좋은 소금은 즉각적인 효능을 발휘하기도 한다. 증류수엔 전기가 통하지 않지만, 소금이 들어가는 순간 찡하고 통한다.

소금을 전혀 먹지 않더라도 인체가 활동하면 자연히 회전하는 기운이 생기는데, 이때 기운(氣運)의 응집작용으로 소금이 만들어진다. 기운(氣雲)이란 음양(陰陽)의 두 기운이 서로 교차하며 체험과 활력을 축적하는 것을 말한다. 그러므로 전혀 활동하지 않고 누워만 있을 경우에 우리 몸에서는 소금이 별로 만들어지지 않아 활력이 자꾸 떨어지고 살고자 하는 의욕도 줄어들게 될

소금과 물, 바로 알면 건강이 보인다

것이다.

소금은 또 생명의 기운이 흐르게 도와주는 역할을 하며, 그런 기운의 흐름을 방해하는 성분을 모조리 흡수하는 작용을 한다. 그렇게 흡수되어 형성된 것 중에서 일명 '간수'라고 하는 성분이 있다. 아주 순수한 소금을 공기 중에 오랫동안 놓아두면 공기 중의 습기를 빨아들이게 되는데, 이때 저절로 간수를 만드는 것을 볼 수 있다. 그것은 대기가 무척 오염되어 있고, 소금은 이를 정화하여 독소를 저장하고 있기 때문이다.

간수는 소금이 흡수한 노폐물에 해당하며, 매우 유독한 성분을 갖고 있다. 우리는 그것을 이용하여 두부를 만들어 먹고 있다. 만일 간수가 덜 제거된 두부라면, 간을 비롯한 세포에 좋지 않을 것임에 틀림없다.

두부를 먹을 때 물에 충분히 담가 헹군 다음, 간수를 가급적 뺀 후 요리해 먹는 것도 이 때문이다. 근자에는 두부는 간수 대신 응고제를 쓴다는데, 이 응고제 또한 간수와 크게 다를 바 없다.

다음은 소금의 여러 가지 약리 작용을 정리한 것으로, 병명별 소금 사용 민간요법을 소개하겠다.

천식

소금은 강력한 천연 항히스타민제로, 천식이 올 때 미네랄 생수를 3잔 정도 먹고 혀 위에 소금을 조금 물고 녹여 먹으면 금방 호전된다.

일부 문화권에서는 멜론이나 그 밖의 과일, 커피, 아이스크림 등에 소금을 약간 곁들여 먹는데, 이렇게 먹을 경우에 단맛이 더 강하게 느껴진다. 이는 과일에는 주로 칼륨이 함유되어 있는데, 먹기 전에 소금을 뿌리면 나트륨과 칼륨의 섭취에 균형이 이루어지기 때문이다.

오렌지 주스가 비타민C의 보고로 알고 있던 어머니가 자녀들에게 날마다 여러 잔의 오렌지 주스를 억지로 마시게 하여 아이들에게 호흡곤란과 천식발작을 유발한 바도 있다. 이것은 바로 오렌지 주스 속에 함유된 칼륨이 천식을 유발한 원인이 되었다 한다.

오렌지 주스에 약간의 소금을 첨가할 경우에 세포 안팎에서 필요한 수분량을 유지하는 데 있어서 나트륨과 칼륨 활동 균형을 맞추는 좋은 방법이 된다. 그리고 평상시에 물 1컵에 에너지 소금을 티스푼 1개를 타서 먹으면 천연 링거가 된다.

알츠하이머(치매)

알츠하이머를 예방하기 위해서는 이뇨제 의 장기 복용은 금물이고, 하루 3회 정도 컵에 티스푼 1개 분량의 깨끗한 에너지 소금을 희석하여 먹는다.

소금은 강력한 저항요소로서 뇌세포의 과잉된 산(酸)을 추출

하기 때문이다. 또한 체내에 염분이 부족하면 우리 몸은 산성
화가 된다.

우울증

우울증에는 리튬을 사용하는데, 이는 소금을 대신하여 사용
하는 물질이다. 소금은 뇌 속에 세로토닌(뇌신경의 시냅스 소포 내
에 고농도 함유되어 있으며 신경전달 물질의 하나이다) 과 멜라토닌(뇌의
중앙에 있는 작은 내분비선에서 분비되는 유일한 호르몬)의 적정량을 유
지하는데, 이 때문에 우울증에 꼭 필요하다.

물과 소금이 천연의 항산화 임무를 수행하며 몸속의 독성 폐
기물을 밖으로 내보낼 경우, 대부분의 단백질이 가수 분해되
면 얻어지는 소량(2% 이하)의 아미노산인 트리토판이나 단백질

의 가수분해에 의해 얻은 혼합물의 무게 중 1~6%를 차지하는 아미노산인 티로신 등의 필수 아미노산이 화학적인 항산화제로 소비되지 않아도 된다.

몸이 충분이 수화되어 있으면 트립토판은 뇌의 조직 속으로 들어가 저장되며, 그곳에서 세로토닌과 멜라토닌, 트립타민 등 필수적인 우울증을 예방하는 신경전달 물질의 제조에 사용된다.

암의 예방과 치료

암세포는 무기성 유기체로 구성되어 있으며, 산소가 희박한 환경에서 더 잘 자라며 그런 환경에서 산다. 그러나 몸의 수분이 충분하고 소금이 몸속의 모든 부분에 이르도록 혈액의 순환 용량을 확대시키게 되면, 그의 자극된 혈액 속의 활동적인 면역 세포들과 산소가 암의 조직에까지 닿게 되어 그것을 파괴할 수 있는 것이다.

인체의 장기 중에서 절대로 암에 잘 걸리지 않는 곳이 두 군데인데, 바로 심장과 십이지장이다. 물론 간혹 걸리는 경우도 있지만 아주 희귀하다.

이것은 바로 염분의 차이 때문이다. 심장은 또 다른 용어로 '염통(塩桶)'이라고 하는데, 이는 '소금통'이란 의미다. 즉, 그만큼 염분의 함량이 타 장기에 비하여 높다고 할 수 있으며 십이지장 역시 체내의 다른 장기보다 염분의 함량이 0.2% 높다. 이는 체내에서 염분의 함량이 높을수록 암에 걸리지 않는다는 것을 증명한다.

결국 심장과 십이지장이 암에 걸리지 않는 것은 염분 함량이 높을수록 혈액의 순환 용량이 확대되고, 암세포의 성장을 상당히 저지하는 효과가 있기 때문이다. 암세포란 세포의 증식으로 점점 커지게 되는데, 이렇게 암세포가 자라는 것을 소금 기운이 저지하는 역할을 하는 것이다. 즉, 암 세포가 자랄 수 있는 환경이 되지 않기 때문에 암에 잘 걸리지 않게 된다.

이에 반해 탈수(물과 소금의 부족)는 우리 몸의 면역체계가 질병에 맞서서 싸워 면역세포가 원활하게 활동할 수 없게 만든다.

요실금

소금은 근육의 긴장 상태와 강도를 유지하기 위해 반드시 필요하다. 방광의 통제력이 부족하여 본의 아니게 요실금이 생기는 것은 바로 염분 섭취가 적은 데 따르는 결과이다. 그래서 방광이 약해서 팬티가 젖는 사람은 소금 섭취량을 늘리거나 물에 소금을 타서 자주 마시면 거짓말처럼 낫게 된다.

심장병

소금은 심장 박동의 불규칙한 흐름을 안정시키는 데 아주 효과적이며, 물과 미네랄과 더불어 혈압 조절에 꼭 필요한 요소이다. 물론 적당한 비율이 중요하다. 물을 많이 마시면서 저염도 식사를 하는 사람들 중에는 실제로 혈압이 상승하는 사람들이 많다. 물에 소금을 타서 마시면 심장이 안정을 되찾고 장기적으로는 혈압이 낮아진다고 한다.

불면증

소금은 수면 조절에 꼭 필요한 물질로 '천연의 수면제'라고 할 수 있다. 물 3잔을 마시고 나서 소금을 조금 혀 위에 얹어 두고 누워서 명상하면, 자연스럽게 깊은 잠에 빠지게 된다.

당뇨병

소금은 당뇨 조절에 절대적으로 필요한 요소이다. 혈액 속에 당의 균형을 바로잡고 혈당 조절을 위해 인슐린을 주사해야 하는 사람들에게 인슐린의 의존을 낮출 수 있도록 도움을 준다. 물과 소금은 당뇨로 인한 눈과 혈관의 이차적 손상의 범위를 줄여 준다. 소금은 뇌에서 내린 명령을 신경세포로 모든 정보를 전달하는 중요한 물질이다.

폐

소금은 폐 속의 점액 마개들을 풀어 없애고 끈적끈적한 가래를 씻어 내는 데 반드시 필요하다. 천식이나 폐기종, 낭성 섬유

종으로 고생하는 사람들에게는 특히 필수적인 물질이므로 분쇄하지 않는 죽염을 자주 입안에서 녹이면 상당히 호전되며, 마른기침이 계속되는 것을 막을 수 있다.

통풍

통풍이나 통풍성 관절염의 예방에 도움이 되며, 근육 경련(痙)이 자주 나는 사람은 염분이 부족하다는 신호이므로 염분의 섭취를 늘려야 한다. 또한 수면 중에 침이 입 밖으로 흐를 정도로 과다 생산되지 않도록 예방하는 데 중요한 역할을 한다. 수면 중에 침을 흘리거나 끊임없이 닦아 내야 한다면 소금이 부족하다는 증거라고 한다.

뼈

소금은 뼈 형성의 구조를 이루는 데 절대적 요소이며, 골다공증은 체내의 수분과 염분의 부족으로 오는 원인도 상당히 많다. 즉, 체내의 수분과 염분이 부족하면 인체는 뼈 속의 골수를 사용해야 하므로 뼈 속의 수분이 빠져나간 자리에 구멍이 생기면서 생기는 병이다.

체내의 수분이 부족하면 근육의 수축과 이완 기능이 떨어지거나 정맥 혈관 내의 정맥판의 기능이 떨어진다. 즉, 정맥판을 이루는 세포가 제대로 수축·이완되지 않기 때문에 정맥을 통과한 피가 심장으로 되돌아가지 못함으로써 발생하는 하지 정맥류의 원인이 되기도 한다.

천일 재제염 속에는 몸에 필요한 약 80가지 미네랄 요소를 함유하고 있다. 이들 미네랄 가운데 일부는 미량요소이다. 정제염에는 미네랄이 전혀 없다고 해도 과언이 아닌 화공약품 수준이며, 가루가 뭉치는 것을 방지하기 위해 알루미늄, 규산염 등의 첨가물이 들어 있는 경우도 있으므로 먹어서는 안 된다.

인사불성

한의사 김성호 님의 『식품비방』에 실려 있는 "의료면에서의 소금의 용도"를 인용하면, 소금은 갑작스런 졸도나 인사불성을 치료한다. 원인 여하를 불문하고 더위를 먹거나 추위에 얼거나 혼탁한 것을 들이마시거나 하여 갑자기 눈이 뒤집혀 흰 꺼풀이 보이고 사지가 차고 뻣뻣할 때, 속히 소금을 큰 숟가락으로 하나를 약간 검게 태워 끓은 물 한 사발에 타서 따끈하게 한 번에 다 먹인다.

심한 설사

더위가 심할 때 갑자기 토하고 설사하며 열이 심하고 설사한 것이 거의 물 같은 것일 때, 이런 증세를 콜레라나 유사 콜레라라고 할 수 있다. 양의 명으로 '급성 위장염'이라고도 하고, 한의 명으로는 '폭사증'이라고 한다. 설사한 뒤에는 탈수 상태가 되어 눈은 아래로 감기고 입술은 창백하고 사지가 차갑고 기력이 거의 없다.

이럴 때 의사가 도착하기 전에 먼저 소금을 큰 한 숟가락으로 1~2숟가락을 약간 볶아서 끓는 물에 풀어 양껏 마시거나 먹인다. 일변 마시고 일변 토하더라도 도움이 된다. 그리고 상실한 수분을 보충할 수 있다. 이 처방은 양 의학에서 링거액 주사를 놓은 것과 같은 효능을 갖는다.

만약 배가 아프면 속히 호염 2되를 아주 뜨겁게 볶아 두 개의 주머니에 담고 타월로 싸서, 하나는 배꼽에 대고 하나는 허리에 대면된다. 단, 반드시 두꺼운 타월로 피부를 덮고 그 위에 주머니를 대야 피부가 상하지 않는다. 그리고 그 위에는 다시 두꺼운 타월로 덮어 줘야 열의 발산을 방지한다.

이 방법은 배가 차고 아픈 데나 위경련통에 묘할 정도로 효력이 있다.

명치 통증

명치가 아픈 것은 곧 위경련이나 위 신경통이 아니면 위가 찬 것을 받아 심하게 아프거나 등이나 가슴 및 옆구리가 심하게 아픈 것이다. 이럴 때 소금을 큰 숟가락으로 3개를 아주 뜨겁게 볶아서 따끈한 술(좋은 소주나 정종) 한 사발로 풀어 양껏 마시면 된다.

토하는 수도 있으나 토하면 다시 먹는다. 토한 뒤 죽 한 그릇을 먹이되 다음엔 다시 소금물을 먹이는 등 반복하면 매우 효력이 있다.

상처

넘어지거나 다쳐서 상처가 났을 때 또는 출혈이 있건 없건 인사불성일 때 의사가 오기 전에 속히 소금을 큰 숟가락으로 반을 끓인 물 한 사발로 풀어 마시게 하면 된다. 이것은 우선 깨어나게 하는 처방이고, 다음에 다시 병원에서 치료하면 된다.

위열 및 치아 병통

매일 아침 식전에 소금 ¼숟가락을 끓는 물에 풀어 복용하고, 자기 전에 또 한 번 복용하여 장기간 계속하면 곧 효력이 난다. 만약 이상이 없고 설사를 하지 않으면, 일생을 두고 복용해도 무방하다. 이 처방은 위장의 불순물을 청소하여 주고 식욕을 촉진하며 소화를 돕고 위열을 풀어 주며 또한 치아의 병통을 예방하고 대 · 소변을 이롭게 하는 효력이 있다.

탈모증

큰 병을 앓고 난 뒤에나 산후 그리고 빈혈이나 극도로 피곤한

소금과 물, 바로 알면 건강이 보인다

사람 또는 병을 오래 앓은 사람은 왕왕 머리가 빠지는 현상이 있다. 이럴 때 속히 소금 한 줌을 물 한 되로 달여 반이 되면 이 것을 머리가 빠지는 자리에 잘 바르고, 10여 분이 지나면 따끈한 물로 깨끗이 씻는다. 이렇게 매일 아침, 저녁 두 번씩 약 보름 동안 계속하면 머리가 빠지지 않는다. 만약 머리에 상처가 있을 때는 그만두어야 한다. 머리가 아프기 때문이다.

인후통

소금은 내열을 감소시킬 수 있으며, 강한 염증 제거 능력을 갖는다. 날씨가 찌는 듯 더울 때나 감기로 인한 열 또는 과로로 열이 나고 목구멍이 아픈 데 그리고 급성 인후염이 발생하거나 만성인후염 및 급성편도선염이 발생할 때, 속히 소금을 큰 숟가락으로 하나를 약간 볶아서 끓는 물 한 사발에 풀어 양치질을 하면서 서서히 넘기면 된다. 이것을 하루에 3~5회 정도 한다. 만약 너무 짜면 약간 연하게 해도 된다.

이 밖에 소금에 절인 감람이나 오매 또는 소금에 절인 살구씨를 입에 물고 있다가 천천히 녹여 넘겨도 된다. 증상이 가벼운 사람은 이 방법으로 치료되고, 심할 때는 보조 치료가 된다.

목구멍에 혹이 생기면 소금을 노랗게 볶아 가루로 만들고 약솜을 젓가락으로 집어 물을 약간 적시고 소금 가루를 발라 목구멍 안의 혹을 문지른다. 이것을 하루 10여 차례 하면 매우 효력이 있다.

탈항과 탈장

탈항이나 직장탈출로 앉기도 편하지 못하며 움직이면 마찰되어 쉽게 염증이나 출혈증이 생기며 어떤 것은 항문에 1~2치가량 탈출하여 몹시 아픈데, 이럴 때는 먼저 참기름을 많이 발라 손가락으로 탈항이나 탈장을 천천히 안으로 밀어 넣고 다시 석류피 5돈쯤(약 19g)과 호염 한 줌을 물 두 사발로 달여서 자주 항문을 씻고 침대에 누워 움직이지 않는 것이 좋다.

탈항이나 탈장을 앓는 사람의 대변이 굳으면 연한 소금물을 아침과 저녁으로 공복 시 한 사발씩 마시면 대변을 완화시켜 준다. 또한 아침, 저녁 공복 시 참기름 한 숟가락을 따끈하게 복용해도 된다.

다 치료된 뒤 1년간은 대변이 잘 통하는지 주의해야 한다. 그렇지 않으면 탈장 탈항증이 다시 발생할 염려가 있다.

숙취 해소

소금은 열을 풀고 신경을 안정시키는 작용이 있다. 즉, 술에 취했을 때 구역질이나 크게 토할 때 머리가 어지럽고 멍할 때, 불안 초조할 때 그리고 의식이 깨끗하지 않을 때는 진한 소금물 한 컵을 마시면 술에 취한 것을 풀 수 있다.

한의학 서적인『주후방』에 무릇 술을 마실 때 먼저 소금을 한 줌 먹으면 2배를 마실 수 있다고 했는데, 이것은 술 마시기 전에 먼저 식염수 한 컵을 마시거나 술에 소금을 약간 쳐서 마시면 술을 많이 마셔도 취하지 않는다는 것이다. 서양에서는 맥주를 마실 때 컵에 소금을 약간 친다. 이것은 이뇨 작용을 더하고 취하는 것을 덜해 줄 수 있다.

산성의 완화

어떤 식품이라도 산성이 지나치면 소금을 약간 넣어서 산성을 중화시킨다. 이를테면 채 익지 않는 복숭아, 살구, 자두, 사과 같은 깃에 약간 소금을 넣거나 또는 조각으로 썰어서 소금물로 씻으면 신맛이 줄어들고 단맛을 내게 한다. 수박을 먹는데 잘 익지 않는 것이나 설익은 맛이나 신맛이 날 때, 소금을 약간 치면 산을 풀고 설익은 맛을 품기 때문에 단맛을 증폭시킨다. 그리고 이뇨 작용과 동시에 해독과 냄새를 제거하는 효능이 있다.

소금에 절인 딸기, 매실, 살구, 자두 또는 소금에 절인 산성 채소는 설탕이나 꿀로 절일 때 약간의 소금을 치면 산을 제거할 뿐 아니라 맛을 내게 한다.

술로 인한 여드름 및 부스럼

애주가들의 얼굴은 혈액 과중으로 얼굴에 불그스레한 여드름이 나는데, 이것을 주분사라고 한다. 이 여드름은 가렵고 아프기도 하며 염증이 있으며 흰 기름이 뭉친 것도 같은데, 술을 마실 때마다 더 많아진다.

이런 환자는 첫째로 술의 양을 줄이거나 아니면 마시지 말아야 하며, 아침저녁마다 연한 소금물을 따끈하게 데워서 얼굴을 씻어야 한다. 얼굴을 소금물로 자주 씻으면 얼굴의 기름기가 감소하여 여드름이 점차 없어지며, 염증이 생겨 뻘겋게 된 것이 점점 가라앉게 된다.

주독으로 인한 딸기코

애주가들은 알코올중독으로 얼굴과 코끝의 모세 혈관이 충혈되어 코끝에 빨간 줄이 가시지 않으며, 심한 사람은 자홍색이 되어 미관상으로도 좋지 않다. 이 병을 치료하기 위해서는 물론 술을 줄이거나 단주해야 한다.

또한 매일 아침저녁마다 연한 소금물을 한 컵씩 마시고 정염으로 코끝을 3~5회 정도 문지르면 좋다. 너무 강하게 마찰하면 피부가 상할 수 있으니 주의해야 한다. 3~5일에 한 번씩 코끝을 찔러 피를 내면 효력은 더욱 빨라진다.

해독과 살균 작용

두 손에 더러운 물건을 들었을 때, 이것이 유독성 물질이건

유황이건 수은성이건 또한 부패한 시체를 운반하거나 상가에 출입하거나 전염병이 성행하는 지역을 지났을 때, 소금으로 손발을 씻고 이를 닦으며 세수하거나 또는 연한 소금물을 한 잔 마시면 해독이 되고 살균의 효력을 갖는다.

그늘지고 습하여 불결한 곳, 방 안, 하수도 그리고 쓰레기장 등에 적시 적절하게 소금을 뿌리거나 술 또는 소금물을 뿌리면 파리, 모기의 번식을 예방할 수 있다. 부패한 것을 제거한 뒤, 그 자리에 소금이나 소금물 또는 술 따위를 뿌리면 소독도 되고 냄새도 제거할 수 있다.

사람들은 파리나 모기에 물렸을 때, 적당한 약이 없으면 연한 소금물을 한 컵 마시고 다음에 약솜으로 진한 소금물을 적셔 환부에 바르거나 마찰하여 피가 나면 독을 풀 수 있다. 이렇게 해서 몇 분 지나면 쓰리고 아픈 것은 줄어들고 부은 것도 가라앉는다. 즉, 중독될 위험은 없다. 벌이나 지네에 물렸을 때도 이같은 방법으로 치료하면 되고, 약솜이 없을 때에는 침으로 개어 바르거나 먼저 침을 환부에 바른 다음에 소금을 뿌려 마찰해도 된다.

뱀에 물렸을 때는 반드시 환부를 십자형으로 째고 피를 짠 뒤 소금을 바르고, 이따금 연한 소금물을 마셔서 혈독을 소제해야 한다. 또한 물린 자리는 붕대로 꽁꽁 잡아매어 혈액의 유동속도를 완화해야 한다. 그렇게 함으로써 독소가 내장으로 침투하는 것을 막을 수 있다.

풍한 습통

소금을 냄비에 넣고 볶아서 뜨거우면 자루주머니에 담고 다시 타월에 싸서 몸이나 위장 부분에 대고 찜질을 하면 저리고 아픈 것을 치료할 수 있다.

각기나 무좀

각기나 무좀으로 쓰리고 아플 때는 호염을 큰 되로 하나와 괴근백피 2냥쭝(75g)을 아주 뜨겁게 볶아서 자루주머니에 담고 발로 밟거나 발에 매어 둔다. 이것을 매일 두 번씩 하면 된다.

또 한 가지 처방은 밤마다 정염으로 무릎에서 발가락까지 문지르는 것이다. 그렇게 반 시간 뒤 따끈한 물로 씻고 연한 소금물 한 컵을 마시거나 낙화생 한 사발을 물 두 사발로 달여 차 마시듯 하면 된다. 매일 만들어 5~7회 정도 마신다.

낙화생도 속껍질 그대로 으깨서 삶는다. 이 처방은 풍습성 관절염 및 신 염수종에도 효력이 있다.

충치 예방

『본초강목』에 "소금은 치아를 튼튼하게 한다."라고 하였다. 소금의 성분은 풍치나 충치를 예방하고 풍치를 치료한다.

그러나 소금은 성질이 극렬하여 볶지 않으면 소금의 자극성이 커서 잇몸을 상할 우려가 있다. 그러므로 반드시 반숙한 가루를 사용하는 것이 좋다. 만약 날소금이나 호염의 양을 많이 써서 오랜 시간 많이 닦으면 벌레를 예방하고, 이가 썩는 것을 제거할 뿐 아니라 입이 헌 데나 입덧도 치료한다. 그리고 치통증도 치료할 수 있다.

치통

치통은 이가 움직이는 외에도 그 원인이 상당히 많다. 그중 충치통 또는 풍치통이 가장 많다. 치료법은 다음과 같다.

괴목의 연한 잎 2~3근(0.6~12㎏)을 달여 3분의 1이 되면 즙을 짠다(약 2근 정도). 여기 소금 한 근을 넣고 다시 달여 물기가 없어지고 소금이 마르면 가루로 만든다. 이것을 매일 3~5회 정도 2~3일간 이를 닦으면 매우 효력이 있다.

또 한 가지 처방은 소금 1냥쭝(37.5g)과 조각 1냥쭝을 80% 정도를 검게 태워 가루로 만들고, 이것으로 매일 3~5회 정도 이를 닦으면 좋다. 이 방법은 비단 병을 치료할 뿐 아니라 이를 고정시키며, 흔들리는 이가 있어서 아플 때는 매일 세 차례 반쯤 진한 소금물로 양치질을 백 번 정도 하고 뱉으면 된다. 오랫동안 양치질을 하면 이가 고정되어 흔들리지 않는다.

이뿌리의 노출과 이 사이의 피

매일 세 차례 반쯤 진한 소금물로 백 번씩 양치질하면 5일 뒤에는 이뿌리가 노출되지 않고 또한 피를 멎게 한다. 또 한 가지 처방은 볶은 정염으로 아침·저녁으로 한 번씩 이를 닦고 아침에 일어날 때와 취침 전에 상하치아를 30번씩 서로 마주치게 하고 이것을 점차 100번씩 하면 치아는 영원히 움직이지 않으며 또한 벌레도 생기지 않는다.

이상 사용한 소금은 외용에는 볶아서 쓰는데, 대부분 호염을 사용하는 것이 좋으며 내복이나 이를 닦는 데는 정염을 쓰는 것이 좋다.

복통 및 배앓이

소금은 배가 아프고 부은 것과 속에 덩어리가 생겨 아래위로 충돌하여 몹시 아픈 것을 치료한다. 진한 소금물을 따끈하게 하여 마신다. 만약 토하거나 설사하면 속히 쌀죽을 한 사발 먹은 다음 다시 마시면 된다.

또 다른 방법으로는 호염을 큰 숟가락으로 하나를 검게 볶아서 따끈한 술 한 잔으로 풀어 마시면 효력이 있다. 이 처방은 기타 배앓이도 고치며, 매일 2~3회 만들어 복용해도 무방하다.

술과 고기 섭취 및 과식

소금은 술과 고기를 많이 먹는 것과 과식하여 배가 불러서 답답한 것을 치료한다. 속히 정염을 가루로 만들고 이 가루로 이를 닦고 온수로 양치질을 하여 삼키면 된다. 이렇게 계속 3~4회 하면 곧 답답한 것을 풀어 주고 먹는 것을 소화시켜 주며 속이 시원해진다. 만약 내려가지 않을 때 진한 소금물을 한 사발 양껏 마시면 된다.

각종 안구 질환

매일 세 차례 아침 점심 저녁마다 소금물로 10여 번 눈을 씻고 다시 따끈한 맑은 물로 씻으면 눈은 맑아진다.

또 정염을 부드러운 가루로 만들고 이 가루를 양 안각에 약간씩 바르고 눈알을 움직이며 눈꺼풀을 위아래로 여러 번 감았다 떴다 한 뒤, 다시 따끈한 물로 씻으면 눈물이 나지 않으며 안내장도 차차 없어진다. 이 방법은 눈이 빨갛고 아픈 데 그리고 안각에 더러운 것이 낀 것을 치료한다. 그리고 연한 소금물을 마시면 간열을 푼다.

정염을 진한 소금물로 만들고 등심초 가지 하나를 소금물에 찍어 두 안각에 바르면 된다. 이것은 매일 5~7차례 한 번에 10여 분씩 점안하고 뜨겁고 맑은 물로 씻으면 된다.

귀앓이 및 귀울림

호염을 큰 되로 하나를 찜통으로 쪄서 아주 뜨거울 때 주머니로 담고 타월로 싼 뒤에 베개같이 벤다. 아침에는 그만둔다. 이렇게 장기간 하면 귀가 아프지 않으며 귀가 울리는 것도 멎는다.

허약증 및 냉증

소금은 방사 후 바람을 쐬어 기력이 허약하고 가사상태에 이른 것을 구하며 사지가 냉하고 뻣뻣한 것을 고친다. 속히 소금을 뜨겁게 볶아서 주머니에 담고 타월로 잘 싸서 배꼽 위에 대고 그 위에 담요를 덮는다. 그리고 생강차나 도수가 높은 술 따뜻한 것을 한 잔 마시면 곧 회복된다. 기타 찬바람을 쏘인 데도 효력이 있다.

여자들의 음부와 아랫배가 저리가 아픈 것도 이 방법으로 치료하면 효력이 있다.

구토나 설사가 없는 답답증

소금은 토할 기분이 나고 대변이 마려울 뿐 실제로는 토하지도 대변이 나오지 않는 콜레라 비슷한 병을 치료한다. 토하지 않고 설사도 안 하면서 몹시 답답해하고 매우 위독할 때 속히 큰 소금을 큰 숟가락으로 하나를 80% 정도 검게 태워 어린아이

대변 한 컵과 섞어 환자에게 복용시키면 얼마 후 곧 토하고 살아난다.

소변 불통

호염 한 줌을 배꼽에 놓고 쑥 뜸을 3~5회 정도 하면 곧 통한다. 그리고 진한 소금물 한 컵을 복용하고 다음에는 죽 한 그릇을 먹으면 된다. 이것을 매일 3번 복용하고 죽도 3번 먹는데, 매우 효력이 있다. 그러나 이 처방은 신장염이나 간 경화증, 복막염으로 인한 대소변 불통에는 그다지 효력이 없다.

대소변 불통

호염 약간을 소주로 개어 배꼽에 바르고 마르면 바꿔 주면 된다. 그리고 내복으로 또 한 가지 처방은 호염을 큰 숟가락 하나를 백복령 8냥쭝(75g)을 섞고 삶아서 이물을 매일 3~5회 정도 마시면 매우 효력이 있다.

임질과 배앓이

식염을 큰 숟가락으로 하나와 쌀로 만든 식초를 큰 숟가락으로 하나를 끓는 물 한 사발로 풀어서 매일 아침, 저녁 식사 전마다 한 번씩 복용하면 매우 효력이 있다.

치질

매일 3~5회 정도 진한 호염물로 씻고 내복으로는 백반 150g, 호염 150g을 돼지 오줌통에 담아 처마 그늘진 곳에 매달아 말린 뒤 가루로 만든다. 이 가루를 매일 아침과 저녁 두 차례 식전마다 약 12g씩 따뜻한 물로 복용하면 매우 효력이 있다. 또 호염물로 씻고 다시 호염을 큰 되로 한 되를 아주 뜨겁게 볶아서 자루 주머니에 담아 놓고 이 위에 항문을 대고 앉으면 혈리에 효력이 있으며, 또한 호염을 80% 정도 검게 볶아서 물로 복용해도 효력이 있다.

유정과 백탁

정염을 큰 되로 반 되를 토기나 자기에 담고 불로 완전히 녹여서 식힌 뒤 굳어지면 먼저 37.5g을 가루로 만들고 백복령과 산약을 각각 37.5g을 넣어 가루를 만들고 꿀로 졸인 대추 49개를 씨를 빼고 찧어 진한 즙을 짠 뒤, 앞서 만든 가루와 개어 머귀 열매만 한 크기의 환약을 빚는다. 이것을 매일 세 차례 식전마다 대추 14개 삶은 물로 30~50알씩 장기간 복용하면 매우 효력이 있다.

혈리 치료

식염을 80% 정도 검게 태워 가루로 만들어 죽에 조미하고 매

일 세 차례 식전마다 이 죽을 따끈하게 데워서 한 사발씩 3~5
회 정도 복용하면 곧 효력이 생긴다.

어린이 경풍

어린이가 경풍으로 인해 입을 꼭 다물고 말을 못할 때, 호염
볶은 것 한 주머니를 배꼽 위에 대고 식으면 바꿔 준다. 동시에
연한 소금물 한 잔을 먹이면 된다. 응급법으로서 매우 효력이
있다.

멎지 않는 웃음

소금은 멎지 않고 크게 웃는 것을 치료한다. 호염을 큰 숟가
락으로 두 개를 80% 정도 검게 볶아서 끓는 물 한 사발로 풀어
먹이면 진한 가래를 뱉게 되는데, 이렇게 되면 곧 낫는다. 만약
가래가 나오지 않으면 손가락으로 목을 누르면 곧 뱉게 된다.

입안 및 코 안 피고름

소금은 입이나 코가 헐고 냄새가 나며 피고름이 나는 것을 치
료한다. 먼저 호염물로 잘 씻고 밀가루와 호염을 같은 양으로
가루를 만들어 그 가루를 바르면 된다. 이것을 매일 세 차례 씻
고 세 차례 바른다. 입안이나 코 안에는 가루를 불어 넣어도 된
다. 그리고 볶은 소금을 마시면 좋다.

악성 부스럼

진한 호염물을 약솜에 찍어 부스럼에 바르고 마르면 다시 바른다. 그리고 연한 소금물 한 사발을 마시면 안팎으로 같이 효력을 보이며 버짐 같은 것은 호염을 씹어서 자주 발라도 된다. 이것을 매일 두 번 정도 하면 매우 효과가 좋다.

전신풍습소양증

전신풍습소양증이란, 알레르기성 피부병이나 과민성 피부병 또는 풍습성 피부병을 말한다. 이를 치료하기 위해서는 호염을 큰 되로 5되를 물 5되로 데워서 목욕을 한다. 이것을 하루 두 번씩 5일간 계속하면 된다(한 번 만들어 5일간 목욕할 수 있다). 반드시 수시로 소금과 물을 더해서 처음의 염분을 유지해야 한다. 이렇게 계속하면 매우 효력이 있다.

그리고 기타 악성 부스럼은 목욕한 뒤 반드시 따뜻한 물로 몸을 깨끗이 씻어야 한다.

손바닥 종기

호염과 후추를 같은 양으로 가루를 만들고 이것을 매일 세 차례 먼저 호염물로 깨끗이 씻고 바르되, 아침저녁으로는 연한 소금물 한 컵씩 복용하면 좋다. 이 처방은 기타 부스럼에도 잘 듣는다.

소금과 물, 바로 알면 건강이 보인다

정강이나 종아리의 부스럼

부스럼이 종아리에 나면 진물이 나고 오랫동안 낫지 않는다면? 이럴 때 염전 바닥의 진흙을 물기 있는 것으로 매일 두 번씩 바르면 된다. 그러나 바꿀 때 환부를 소금물로 잘 씻고 발라야 한다.

물에 빠진 사람

물에 빠진 사람을 바로 눕히고 두 다리를 약간 높게 한 뒤 소금으로 배꼽을 마찰하면 속에 있던 나머지 물이 소변으로 나오게 된다. 그러나 이 방법은 다만 보조 치료밖에 되지 않음을 주의해야 한다.

가려움증

국부가 까닭 없이 가렵거나 또는 독창으로 가려울 때, 소금으로 가려운 곳을 마찰하거나 독창이 난 곳을 문지르면 가려움은 곧 멎는다.

올바른 소금 활용과 섭취 방법

소금 활용법

소금은 먹는 것뿐만 아니라 다양하게 활용할 수 있다. 짜게 먹는 것은 좋지 않다는 말에 이를 따르다 보니, 염분이 부족하여 우리 몸에 물 부족한 현상이 생겨 오히려 건강을 해치고 있다. 적당량의 소금 섭취는 약이다.

우리가 겨울에 동치미 심심하게 한 잔 쭉 마시는 것 생각하면 된다. 실제로 동치미 국물을 겨우 내내 먹어 두면 이보다 더 좋은 민간요법이 없다. 여름에 물김치로 만들어 시원하게 간간하게 음료수처럼 수시로 마시는 것도 역시 최고다. 누구든지 할 수만 있다면 필수 식생활로 실천하면 이게 보약이다.

몸에 염증이 많다는 것은 곧 부패했다는 뜻이다. 그 이유는 몸에 소금이 부족하기 때문이다. 소금에 절인 배추나 음식은 상하지 않는다는 것을 보면 금방 유추해 볼 수 있다. 이처럼 소금은 현대인의 필수다.

빛나래 천일염은 천연 미네랄 무공해 소금이다. 입자를 300mesh로 고운 소금을 마사지를 하면 아래와 같은 효과가 있다. 단, 꽃소금은 입자가 굵어서 피부를 심하게 자극할 수 있으니 주의하여야 한다. 입자가 곱고 좋은 소금을 피부에 문지르면, 모세혈관을 자극해서 땀구멍으로 체내 독소를 내뿜어 준다. 모공 속 노폐물도 제거돼 피부가 매끈해지는 느낌이 난다.

　빛나래 소금은 원적외선 에너지를 담고 있어 마사지 후에는 깨끗한 물로 헹구어 주고, 보습 제품을 발라서 수분 공급을 해 주어야 한다. 단, 너무 오래하지는 말고 가볍게 마사지해야 한다. 상처가 나거나, 피부가 약한 사람, 아토피 피부염 환자는 피부 보호막이 벗겨져 염증반응을 일으킬 수 있으니 주의 바란다.

　반신욕이나 족욕을 할 때, 소금은 풀어 주면 좋다. 반신욕은 샤워하기 전 20분 정도 하고, 체온보다 약간 높은 37~38도 정도의 물 온도에 소금 50g(티스푼이 10g이니까 5번 정도)을 넣고 몸을 담그면 몸 안에 쌓인 독소가 배출된다. 그리고 족욕을 할 때는 물 온도는 38~39도, 소금은 30g(밥숟가락 30g 정도한다)을 넣어 주면 된다.

　날씨가 추우면 이곳저곳이 뻣뻣해지고 아픈데, 이럴 때는 몸을 따뜻하게 해서 혈액 순환을 촉진하고, 관절도 풀어 주는 것이 좋다. 이때 사용할 수 있는 것이 바로 소금이다. 관절이 붓고 열이 날 때, 굵은 소금을 볶은 후 따뜻한 소금을 거즈와 헝겊에 사서 통증 부위에 찜질하면 효과가 있다.

　그리고 감기에 걸렸을 때, 소금물 가글이 좋다. 소금 자체에 살균·소독 효과가 있어서 따뜻한 소금물로 아침과 저녁에 가글을 하면 인후염 예방과 치료에 도움이 된다. 한방에서는 소금물 가글이 입안의 염증을 줄여 줘서 목이 약간 따끔거릴 때 좋다고 한다. 단, 너무 짙은 농도일 경우 코 점막에 자극을 줘 고통을 줄 수 있기 때문에 주의해야 한다.

설사할 때도 소금이 요긴하게 쓰인다. 끓인 보리차 물 1,000 cc에 설탕 2티스푼과 소금 2분의 1티스푼을 넣어 계속 마시면 약을 먹는 것보다 좋다.

그러나 주의할 점은 소금이 예방과 어느 정도의 치료에는 도움이 되지만, 열이 있거나 증상이 심하면 병원에 가 보는 것은 당연하다.

소금, 어떻게 섭취하는 게 좋을까

소금을 섭취할 때는 여러 가지 방법이 있을 수 있으나 가장 기본적인 것은 유해물질이 함유되지 않고 미네랄이 풍부한 질이 좋은 소금을 섭취해야 하며, 그런 소금도 그냥 섭취하기보다는 가급적 좋은 물에 용해시켜서 섭취하는 것이 좋다.

아무리 좋은 소금을 먹어도 좋은 물을 마시지 않으면 그 효과는 줄어들기 마련이다. 그러나 죽염의 경우는 예외적으로, 물에 타서 마셔도 무방하지만 그냥 섭취하는 것도 좋다. 죽염은 침과 함께 섞여서 흡수되는 것이 가장 좋기 때문이다.

다음은 소금을 섭취하여 건강을 되찾은 사례이다.

"35세 여자입니다. 비염은 청소년기 때부터 있었습니다. 결막염과 안구건조증(렌즈가 겉돌기도 했어요), 재채기, 가래, 심각한

콧물, 다크서클, 건조한 피부, 잔뇨감 같은 전형적인 탈수증상이 늘 있었습니다. 입에 침이 없어서인지 잘 씹지 않아서 종종 체를 했고, 추위를 잘 타곤 했지요. 이번 가을 들어 체력이 굉장히 나빠지더군요.

15일 정도 전부터 소금물을 마셨습니다. 처음 2~3일간 정말 괴로웠습니다. 비염으로 인해 컨디션이 나쁜데 역한 소금물을 마시니 유쾌하지가 않더군요. 150㎖에 한 티스푼 넣어서 하루 3~4번 마셨습니다. 역겨웠지만 꾹 참고 먹었네요. 어느새 소금물이 습관이 되어 있더군요. 제 몸은 소금을 간절히 원했나 봅니다."

우리 몸의 병을 흘려보내자

사람이라는 큰 그릇에 물이 70%가 담겼다고 가정하자. 이때 그릇에 물이 오염되거나 순환의 장애로 질병이 왔다. 이 상태를 두고 각종 약물을 투입하여 치료하는 것이 서양 의학이고, 침이나, 부황, 한약은 우리 몸에 면역력을 회복시켜 몸 스스로 치료하는 것이 한의학에 근본이다.

자! 그러면 필자는 질병을 씻어 버리는 방법을 제안한다. 오염된 질병이 있는 몸에 물을 신선한 새물과 소금을 충전하여 헌물을 교체하는 방법이다.

"새 물 온다, 헌 물 나가라."

병을 씻어 버린다는 생각을 우선하는 것이다. 내 몸의 병을 씻어내고 건강을 찾는 위대한 의사는 바로 자신이다.

우선 '아! 내 몸이 하루 5,000억 개의 새로운 세포가 생성되어 유효기간이 다된 세포는 몸 밖으로 흘러 나가는구나.' 하고 마음을 먹는다.

한강을 보면 막연히 항상 물이 있다고만 생각하지, 실상 어제의 물은 벌써 인천 앞바다로 흘러가고 새로운 물이 우리 눈에 보이는 것이다.

결국 새로이 생겨난 세포를 잘 관리하고 건강한 세포로 내 몸을 잘 채우면 질병은 저 멀리 씻어져 흘러가는 원리이다.

4부

소금으로
건강 125세까지

소금이 해롭다는 오해를 받는 이유와 진실

소금은 물과 함께 인체에서 중금속 배출과 지방 분해 및 살균력으로 인해 암, 고혈압, 당뇨 및 신장병 예방은 물론 무병장수하는 데 도움을 주므로 매우 중요한 식품이다.

그런데 일부에서 소금을 만병의 근원인 양 주장하며 근거 없이 저염식을 강조하며, 심지어는 무염식을 주장하기까지도 한다. 일반인들은 왜 그래야 하는지도 모른 채 전문가의 말이라는 이유만으로 그들의 주장을 따르다가 건강을 잃는다.

그렇다면 여기서 소금이 인체에 해롭다는 오해를 받게 된 이유를 알아보자.

첫째, 근거 없는 일방적 주장을 따른 결과

어떤 과제에 대한 과학 정보는 논리와 실험과 사례로 검증되어야 한다. 혹 새롭게 제시된 내용이어서 사례나 실험 결과가 없다면, 분명한 논리가 있어야 한다. 그러나 소금이 고혈압이나 암 등을 유발한다는 주장을 들어 보면 이치에 맞지 않다.

소금이 고혈압을 유발한다는 주장은 소금을 섭취하면 삼투압 작용에 의해 혈관으로 물을 끌어들여 혈압이 높아진다고 말한다. 즉, 물을 더 섭취하여 혈압이 높아졌으므로 물을 섭취하지 말라는 것이나 다름없다.

그러나 인체가 혈압을 높이는 본질적인 이유는 부족한 산소를 더 공급하기 위함이지, 물(소금 섭취) 때문이 아니다. 소금 섭취로 인한 물 보유량이 늘어 높아지는 혈압은 매우 미미(소금 2.5 당 0.9mmHg 상승)하며 생리적 혈압으로 물이 배출되면 곧 정상화된다.

이러한 생리적 혈압은 인체가 감당하고도 남는다. 소금이 혈압을 높인다는 주장은 전혀 논리적이지 않다.

둘째, 실험 오류와 맹종

1953년 미국 하버드대학의 매네리 박사가 고혈압의 원인을 찾던 중 소금이 고혈압의 주범이라는 실험 결과를 발표한다. 그는 쥐 10마리에 평소 섭취량의 10배에 가까운 소금을 먹이고 사료에도 1%의 소금을 더 넣어서 먹였다. 6개월 후 4마리에서 혈압이 높아졌는데, 그 결과를 가지고 소금이 고혈압의 주범이라고 발표한 것이다.

이 실험은 정상적인 실험이 아니었다. 평소보다 10배나 더 많은 양의 소금을 주입했기 때문에 나타난 결과다. 그리고 6개월

동안 쥐에게 소금 이외에 어떤 변화가 있었는지도 알 수 없고, 6개월 동안 4마리에서 혈압이 높아진 것을 두고 소금이 고혈압의 주범이라고 단정한 것도 과학적인 결론은 아니다.

혈압이 정상을 유지한 쥐가 20%나 더 많았는데 그것은 어떻게 해석할 것인가? 그 외 소금과 혈압과의 실험은 모두 유사한 형태의 오류를 범하고 있다.

국내에서도 유사한 실험 결과가 있었는데, 소금 배설이 안 되도록 조치를 취한 쥐를 두 그룹으로 나누어 한 그룹에는 1%의 소금물을, 다른 한 그룹에는 맹물을 주었다. 3주간 실험을 했는데, 그 결과 소금물을 투여한 쥐는 60mmHg가까이 혈압이 상승했고 무염식을 한 그룹은 10mmHg 정도의 혈압 상승이 있었다. 즉, 소금물 1%를 먹인 그룹이 맹물을 먹인 그룹보다 50mmHg 정도 혈압 상승이 더 높았던 것이다.

이 실험 결과를 가지고 소금이 고혈압을 만든다는 결론을 내린 것이다. 하지만 소금 배설이 안 되게 조치를 취한 것은 정상적인 실험이 아니다. 소금 배설이 안 되게 하면 전해질 농도를 맞추기 위해 많은 물을 가두어 놓음으로써 억지로 혈관에 큰 압력이 발생한 것이다.

이 실험에서는 무염식을 한 경우 혈압이 높아지는 결과를 보인 점은, 오히려 저염식을 하면 혈압이 높아진다는 사실을 증명한 셈이다. 소금을 섭취하면 물 섭취와 지방을 분해·배출하

소금과 물, 바로 알면 건강이 보인다

여 혈액의 점도를 낮추고 혈류를 개선하므로 세포에 산소가 원활하게 공급되어 혈압이 정상화된다.

소금의 암 유발 실험도 유사한 오류를 범하고 있으며, 방송은 그 결과를 그대로 인용하고 있다. 심지어 소금은 살균력을 통해 위의 염증을 치료하므로 위암을 예방하는데도 불구하고 소금이 위벽에 상처를 주어 염증을 일으킨다며 기본적인 사실마저 왜곡하고 있다.

소금이 해롭다는 결론을 만든 실험은 예외 없이 실험 방법상의 오류 내지는 왜곡되어 있다. 그럴 수밖에 없는 것이 소금은 인체에 해로운 물질이 아니기 때문이다.

셋째, 불순물을 소금으로 오해

환경오염으로 인해 대부분의 소금은 오염되었다. 소금 안에는 중금속 흡착력에 의해 다량의 간수와 무기질 미네랄 그리고 미량의 중금속, 농약, 환경호르몬, 방사선물질, 가스 등 여러 종류의 불순물이 들어 있다.

하지만 소금에 붙어 있는 간수, 중금속, 가스 등은 소금과 반드시 구별되어야 한다. 불순물을 흡착한 소금은 해로울 수 있지만, 원적외선과 음이온을 전사시키고 중금속을 완전히 제거한 소금은 오히려 인체의 각종 중금속을 흡착 배출하는 기능을 수행한다.

의학 정보는 정보로서 갖추어야 할 요건이 세 가지 있는데, 첫 번째가 명백한 '논리'가 있어야 한다는 것이고, 두 번째는 논리를 입증할 수 있는 '실험' 결과가 나와야 하고, 세 번째는 그 논리와 실험한 결과대로 현실에서도 일관성 있는 '사례'가 나와야 한다는 것이다. 특히 소금은 산소와 물에 견줄 만큼 인체에 중요한 요소인 만큼 철저한 검증을 거쳐 발표해야 할 것이다.

생명과 건강, 그리고 소금

동식물과 소금의 관계

우리가 사는 세상은 모두가 상대적이다. 동물과 식물도 마찬가지다. 즉, 동물들은 몸에 짠맛을 많이 갖고 있으며 식물들은 단맛을 많이 갖고 있다.

짠 것은 유연함을 유지시켜 주고 단 것은 경직됨을 유지시킨다. 그래서 단 성분이 많은 식물을 먹는 초식 동물은 짠 성분이 많은 동물을 먹는 육식동물보다 몸속의 짠 성분이 적기 때문에 느리다.

인간도 짠 것을 좋아하고 많이 섭취하는 사람은 의욕적이고 활동적인 반면, 단 것을 좋아하는 사람은 내성적이고 비활동적인 경향이 많다. 식물성을 주식으로 하는 동양인은 정적인 반

소금과 물, 바로 알면 건강이 보인다

면, 동물성을 주식으로 하는 서양인은 동적이라는 점이 이러한
사실을 뒷받침한다.

그러나 식물성에 소금을 섞어 짜게 만든 된장, 고추장, 간장
그리고 김치, 짠지 등을 많이 먹으면 정적인 동시에 동적이 되
는데, 앉아서 생각을 깊이하고 또는 어려운 서적을 깊이 음미
하면서 읽어도 머리가 아프지 않다. 조용한 산중에서 정진에
온힘을 쏟고 있는 스님들이 좋은 예다.

여러 동물들을 잘 관찰해 보면, 소금의 역할이 더욱 분명하게
드러난다. 소가 소금을 먹지 못하면 털에 윤기가 적고 힘도 쓰
지 못한다. 그래서 들소들은 소금 바위를 찾아 대이동을 하며
소금기를 섭취하였다.

말을 잘 기르는 사람은 말의 털 색깔과 꼬리털의 길이를 보
아서 그 말이 소금기가 없어 맥을 못 추고 있다는 것을 안다.
즉, 말꼬리가 짧고 털에서 윤기가 나지 않으면 소금 부족인 것
이다.

새들 역시 소금기가 부족하면 털에 윤기가 없는데, 옛날 사람
들이 학을 취미로 기르면서 학의 털 색깔을 윤기 있게 하기 위
하여 진흙과 소금을 섞어서 콩알처럼 만들어 먹였다는 고사도
전해진다.

결론적으로 말해, 붉은 피를 가진 생명은 모두 소금을 필요로
한다. 그것은 피가 바로 소금으로 되어 있기 때문이다.

끊임없이 필요한 산소, 물, 소금

우리는 평소에 특별히 의식하지 않고 숨을 쉬고 있다. 그리고 이 호흡이라는 행위를 통해 우리는 생명 유지에 필요한 '산소'를 얻는다. 호흡을 통해 들어온 산소는 혈액이라는 0.9% 염도의 소금물을 통해 세포로 전달된다. 즉, 혈액이란 적혈구, 백혈구, 혈소판, 영양이 떠다니는 산소, 물, 소금이라고 볼 수 있다.

산소와는 달리 물과 소금은 인간의 의도적인 섭취를 통해서만 체내로 유입되게 된다. 인체는 지방을 저장하는 것과는 달리, 초과되는 여분의 산소, 물, 소금을 보유할 어떤 수단도 갖고 있지 않다. 따라서 물과 소금을 규칙적으로 잘 보충하는 것은 숨을 쉬는 것만큼이나 중요한 일이다. 우리는 끊임없이 산소, 물, 소금을 배출하고 있기 때문에 인체가 매일 필요로 하는 산소, 물, 소금을 규칙적으로 잘 보충해야 한다.

인체를 병들게 하는 나쁜 소금

그러나 나쁜 소금은 인체를 병들게 한다. 정제된 소금의 유해성에 대해서는 이미 여러 차례 이야기했다. 그러나 정제염 못지않게 간수의 함량이 과다한 것도 유해하다.

해수에는 약 3%의 염분이 포함되어 있는데, 짠맛만 내는 것이 아니라 쓴맛도 강하고 썩은 맛도 있다. 그리고 많은 양의 광물질도 녹아 있다는 것은 이미 설명했다. 이들 광물질에는 우리 인간의 생리를 유효하게 작용하는 미네랄도 적지 않지만, 납과 수은이 인체에 축적되면 치명적인 결과를 맞이한다. 제염 작업이 필요한 것도 바로 이 때문이다.

그래서 해수를 그대로 마시면 갈증이 해소되기는커녕 오히려 더 심하게 된다. 심하면 설사가 나고, 경우에 따라서는 위독한 상황을 초래하기도 한다. 과거에 건강하고 적응력 있는 어부를 양성할 목적으로 연소자에게 바닷물을 마시게 했더니, 예측과는 달리 사망자가 속출했다는 사례도 이를 뒷받침한다.

이것은 극단적인 사례지만, 해상에서 조난된 선상에서 마실 물이 없어 조난자가 바닷물을 마시고 말았다. 그러자 더욱더 목이 말라서 다시 해수를 마시게 되고, 몇 번 이런 식으로 되풀이하는 가운데 죽고 말았다는 소식을 매스컴에서 한 번쯤은 들어 보았을 것이다. 굳이 바닷물이 아니더라도 유해물질을 제거하지 않은 천일염을 물에 타서 마시면 이러한 일이 일어난다.

심한 갈증이 느껴져서 보통 물을 마셔도 쉽게 갈증이 멈춰지지 않아서 계속 물을 마시게 된다. 나쁜 소금은 모든 물질을 과도하게 경화시키고 긴축시키는 성질이 있어서 음식 중의 단백질과 굳게 결합하여 소화흡수를 방해함과 동시에, 위나 장의 내벽에 작용하여 점막조직을 손상시키고 신장 기능을 약화시키며 두뇌의 활동을 방해한다. 간수의 함량을 적절하게 조절하고 생리작용에 유해성이 낮은 소금을 사용하지 않으면 안 되는 까닭은 그 때문이다.

소금의 질이 건강에 영향을 미친다

소금은 생명 활동에 없어서는 안 될 중요한 것이므로 시대에 따라서 여러 가지 조건에 좌우되어 만들어지는 소금의 질도 그 때마다 변화해 왔다. 그리고 그 질의 좋고 나쁨에 따라서 사람들의 건강 상태에 분명하게 영향을 미치는 것은 당연하다.

2차 대전 후, 소금은 식용 이외에 공업 방면에서도 다량의 수요가 생겨서 기계로 해수를 퍼 올려 열을 가해 화염(火塩)을 제조하여 효율적으로 만들어 내는 기계제염 용법이 개발되었고, 이 방법으로 99% 이상의 순도를 가진 정제염을 얻게 되었다.

이 소금은 간수는 적지만 가장 중요한 미네랄을 대부분을 잃었다. 그렇기 때문에 신장염은 감소했으나 미네랄 부족에 의한 장애는 급격히 증가해 왔다. 암의 급증은 그 좋은 예다. 그리고 전반적으로 키는 커지고 체중은 늘었으나 내장기능과 뼈대가 약해져 저항력에 약한 몸이 되었다.

더욱이 현재는 해수 중에서 이온교환수지를 써서 염화나트륨만 뽑아내는 전해화학 제염방법을 사용해서 99.9%라는 순도의 소금을 만들어 내기에 이르렀다. 이것은 공업용 소금으로서 안성맞춤이지만, 먹는 용도로 사용해서는 안 되는 소금이다.

가장 이상적인 소금

정제염은 이제 그만!

가장 이상적인 소금은 두말할 것 없이 우리 몸이 스스로 운동을 통하여 만들어지는 염기이고, 인공으로 채취할 수 있는 소금은 조염인데, 조염은 바다 식물에서 채취하는 소금이다.

이 소금은 미네랄도 풍부하고 유해성분도 함유하고 있지 않다. 그러나 조염은 만들기가 어렵고 경제성이 현저히 떨어져 지금은 거의 생산하고 있지 않으므로 천일염에 각종 불순물과 유해성분을 제거하고 미네랄이 함유되어 있는 질 좋은 소금을 먹는 것이 대안이다.

정제염을 먹지 않고 질이 좋은 소금으로 식생활을 개선할 경우, 건강 상태는 뛰어나게 개선된다. 현대인에게 나타나는 심신장애 중 대부분은 정제염의 피해에 의한 것이라 할 수 있다.

동양인의 특징인 흑발이 갈색으로 변해 가는 것도 바로 이 때문이라 할 수 있다. 젊은이들에게 있어서 정제염은 백발을 일으키는 원인이며, 혈액 및 체액 중의 미네랄 조성이 혼란해졌기 때문에 몸 전체의 미네랄 대사와 톱니바퀴처럼 얽혀 있는 생리현상에 혼란이 야기되고 두부의 피부 생리가 이상을 일으키게 된 것이다.

물론 이런 현상은 머리카락에만 국한된 현상은 아니다. 식생활안전시민본부가 발표한 소금에 대한 충격적인 내용은 우리를 더욱 경악하게 한다. 즉, 우리가 먹는 소금에 청산가리의 독성 성분이 포함된 포타슘페르시아나이드가 들어 있다는 것이다.

청산가리 성분이 첨가 제조된 분쇄염이 단무지, 김치, 장류 (간장·고추장·된장) 등 식품가공업계 전반에 광범위하게 공급되고 있으며, 가정에서 널리 쓰이는 재제염의 원료에 가성소다 제조 후에 생기는 부산물 염(塩)이 수입염 대신 분쇄염 제조 원료로 사용되었다는 것이다. 식생활안전시민운동본부는 1999년 8월, 일본식품위생협회 식품위생연구소와 한국화학시험연구원에 소금에 대해 분석을 의뢰하여 이와 같은 결과를 얻어냈다.

이에 대해 식생활안전시민본부 김용덕 대표는 "몇 년 전만 하더라도 소금은 광물질로 취급됐다. 뒤늦게 가정에서 쓰이는 재제염과 가공염(죽염,구운소금)만 식품안전청에서 관리하고 있고, 나머지는 공업용이라고 해서 산자부에서 관리하고 있다." 며 "이런 상황에서 소금을 외국인에 비해 상대적으로 많이 섭취하는 우리의 식성에 미뤄 볼 때 국민건강상 심각한 우려를 하지 않을 수 없다."고 말하였다.

소금, 잘 알고 건강 125세를 지키자

매스컴에 어떤 두부공장에선 포르말린까지 쓴다는 내용이 보도됐다. 그것은 신경활동까지 굳어 버리게 하는 물질인데, 신

소금과 물, 바로 알면 건강이 보인다

체는 물론 정신까지 점차 무력하게 한다.

근육이 제대로 말을 듣지 않게 되고, 혈관이나 근육을 잘 굳게 하며 신경질, 두통, 무기력감을 불러일으키기도 한다. 또 오장육부 중에서 간이나 신장은 각각의 세포들이 연동하게 하는 기운이 있어야 신진대사가 순조로운 데 반하여, 굳게 하는 작용이 강한 간수가 든 소금이 해로운 것은 당연한 일이다.

보통 굵은 소금으로 김치를 절일 때 물에 녹여 채소 속으로 침투시키면 소금의 자비정신에 따라 좋은 것만 식물 속으로 들어가고 나쁜 것만 남게 되니, 소금으로 채소를 절이고 그 물을 잘 헹궈 내면 좋은 소금 성분을 섭취할 수 있다. 그러나 헹구지 않고 채소 속까지 스며든 채로 그냥 쓰게 되면, 김치 맛이 쓰다거나 간을 해치는 식품이 된다.

구운 소금 중에서는 850도 이상에서 구운 소금은 불순물이 대부분 제거되고 유효한 미네랄은 그대로 남아서 건강에 많은 이로움을 준다. 황토 항아리에 천일염을 넣어 황토로 봉하고 높은 온도로 구운 소금은 소금이 가진 약리 작용을 여러 단계 상승시킨 것이다. 특히 투명한 자수정 빛깔이 나는 소금은 신경계까지 회복시키는 놀라운 작용을 한다.

구운 소금의 활용도는 매우 많다. 순수한 소금 본래의 약성 외에 황토의 약성, 송진의 약성, 불기운의 약성까지 융합되어 오행의 기운이 조화롭게 되기 때문에 몸에 최고로 좋은 소금이다.

앞에서 짜다는 말은 오미가 어우러졌다는 말이라고 소개하였다. 좋은 소금은 그야말로 완전식품이자, 음식의 최고 조미료이다. 한마디로 좋은 소금은 중금속과 불순물이 없고 미네랄이 풍부하고 빛, 즉 원적외선 에너지를 지닌 소금이다.

지금이라도 좋은 소금을 알맞게 먹고 싱거운 사람이 되지 말자! 싱거운 사람의 어원은 소금기가 몸에 부족하니 나약하고 순한 상태를 지나 결단력이 부족하고 성실함이 결여된 사람, 한마디로 끝장을 보지 못하는 나약한 사람을 두고 하는 말이다. 우리는 지금 시작은 있고 끝이 없는 싱거운 사람들로 변해 가고 있는 것이다.

사람도 음식도 싱거우면 힘을 못 쓴다. 제대로 생산된 천일재제염으로 우리나라 소금을 온 세계에 알리고, 최고의 대접을 받는 소금을 생산하여 음용하자.

좋은 소금으로 발효된 식품은 최고의 항암 식품

부산대학교에서 된장의 항암성 작용에 관한 실험을 했다. 위암 세포액에 된장추출물을 넣은 실험에서, 된장추출물을 넣은 세포에서는 암 세포의 수가 급격히 감소했고 9일 후에는 거의 사라졌다는 사실을 KBS 프로그램 〈생로병사의 비밀〉을 통해

공개했다.

또 된장은 면역력을 높여 준다. 된장 섭취 전후 쥐의 면역 세포 수뿐만 아니라 활동지수에서도 큰 차이를 보였다. 이렇게 면역력이 높아지면, 자연스럽게 암세포를 사멸시킬 수 있다. 그렇다면 된장, 김치의 항암성, 항바이러스 성분의 근원은 무엇일까?

그것은 바로 '양질의 소금' 덕분이다. 소금은 체내 지방을 흡착 · 배설한다. 소금의 지방흡착배설 기능은 수많은 실험에서 밝힌바 있다. 브라질 상파울로 의대에서의 실험, 전남대 생리학교실의 소금과 고혈압실험, 목포대 천일염연구소의 정제염과 천일염의 혈압에의 영향 실험 결과 밝혀진 사실이다(이 내용은 『고혈압, 산소가 길이다』라는 책에서 그 실험 방법 해석의 오류 등에 대하여 상세하게 검증한 바 있다).

서울대 체력과학연구소의 곽충실 교수는 된장의 함암성을 밝힌 뒤, 다른 식재료에는 항암성이 없는데 된장에는 효과가 있다고 분석했다. 그 항암성은 바로 '소금'이다. 즉, 소금을 섭취하면 혈액의 점도를 낮추어 외부로부터 흡입한 산소를 세포에 잘 전달해 준다.

보통 소금에는 환경호르몬을 비롯하여 80여 가지의 중금속이 들어 있는데, 소금에 이러한 중금속이 들어 있다는 사실이 소금은 중금속을 흡착 · 배설하는 효능이 있다는 사실을 반증하는 것이다. 이렇게 소금을 통해 중금속을 흡착·배설하면 인체 면역기능이 높아진다. 결론적으로 소금은 산소 전달을 통해 암의 유발을 막고 면역력을 높여 암세포를 공격하여 암을 예방하고 치료하는 효과가 있다.

일본 나가노현은 최단명 지역에서 20년 만에 최장수 지역으로 탈바꿈하였다. 그 이유는 나가노현에서 계획적으로 다른 지역보다 된장을 1.35배나 더 섭취한 덕분이다. 우리나라 장수지역인 제주도나 전라남도 함평 등의 지역에서는 매일 염장식품(된장국)을 빼놓지 않고 먹는다.

된장에는 간수, 중금속이 없는 양질이 소금이 들어 있다. 건강한(좋은) 소금은 최고의 항암식품이다. 위 내용들은 SBS 다큐 〈천일염의 비밀〉, KBS 〈과학카페〉 95회, KBS 〈수요기획〉 2005년 5월 21일자, MBC 프라임 〈소금의 미학〉 2011년 1월 11일자, KBS 〈생로병사의 비밀〉 57회를 다시보기 하면 찾아낼 수 있을 것이다. 이같이 소금에 대한 현대의학의 오류를 소개하였으니, 독자님들께서 각자의 형편대로 확인해 보시길 바란다.

인간의 몸은 염류 대사가 순조로이 진행되어야만 건강한 삶을 영위할 수 있다. 그러나 인체의 신진대사 과정에서 중요한 미네랄은 계속 소모되거나 배설되기 때문에 인체는 끊임없이 미네랄을 필요로 한다.

이 미네랄을 음식물이 보충해 주어야 하는데, 요즘 재배되고 있는 채소에는 화학비료와 농약의 과다 사용으로 인해 미네랄이 거의 없는 상태이며, 이것을 그대로 인간이 섭취하게 되므로 이 부족한 미네랄을 보충해 줄 수 있는 것이 필요하다. 그리고 바로 그것이 소금이다.

일부 학자는 인간이 다른 동물과 마찬가지로 해양에서 태어났다고 주장한다. 양수는 1.2%의 농도를 가진 소금물로 이루어져 있다. 그 가장 근본적인 이유는 태아에게 다른 병균의 침투를 막아 주고 건강하게 자랄 수 있도록 보호하기 위함이다.

그래서 산모가 물과 소금을 많이 섭취하지 않으면 양수의 소금 농도가 옅어지거나 양수의 부족으로 인해 태아가 잘 자라나지 못하고, 양수의 염분농도가 줄어듦에 따라 엄마의 배 속에서부터 각종 병균에 노출되어 선천적인 병을 가지고 태어나게 되는 것이다.

선천적인 질병의 대부분은 이 양수에 이상이 생겨서 발생한다. 그래서 산모는 좋은 물과 미네랄이 많이 함유되어 있고 불순물이 함유되지 않은 질이 좋은 소금을 많이 섭취해야 풍부하고 적당한 농도를 유지한 건강한 양수를 유지할 수 있고, 그것이 곧 태아의 건강에 직접적인 영향을 미치게 되는 것이다.

소금은 또한 살균효과를 가지고 있는데, 해수욕장에서 조개껍질 같은 것에 상처를 입어도 덧나지 않고 잘 아무는 것은 바로 바닷물에 함유된 소금 성분이 상처 부위를 소독하는 것과 마찬가지의 효과를 나타냈기 때문이다. 생선에 소금을 뿌리는 이유 또한 비슷하다. 부패균이 소금 성분으로 인해 부패되지 않도록 하기 위함이다. 이와 같이 소금의 작용은 신비롭기까지 하다.

소금이 몸에 좋지 않다는 인식만으로 농경지 주위에 염전이 생기면 농경지의 작물들이 소금의 짠 기운으로 인해 많은 피해를 본다는 인식을 가지고 있었지만, 농작물이 직접 바닷물에 닿지만 않으면 작물의 생육에는 아무런 지장이 없다는 것이 증명되었고, 오히려 헐벗은 산이나 황폐한 땅 주위에 염전이 생기면 나무가 무성하게 자라게 되고 그때까지 잘 자라지 못하던 작물들이 오히려 더 잘 자라게 된다는 사실은 바로 소금의 이러한 긍정적인 역할과 효과를 입증한다.

간척지 논(畓) 전경

소금과 물, 바로 알면 건강이 보인다

간척지에 벼를 심으면 소금 기운으로 인해 벼가 자라지 못한다고 처음에는 인식되었으나 그것은 단지 기우에 불과했고, 자라지 못하기는커녕 해충도 적고 수확량도 1.3배 이상에 달했다. 게다가 간척지에서 생산된 쌀은 너무나 맛이 있어 지금은 간척지에서 재배된 쌀을 최상품으로 치고 있다.

이와 같이 식물도 미네랄이 듬뿍 함유된 소금이 많은 토양에서는 병충해에도 강하고 잘 자라듯이 사람도 마찬가지이다. 질 좋은 소금으로 건강하게 125세까지 살아가자!

미네랄 물 소금으로 만드는 건강식품

미네랄 물 소금으로 전통 웰빙 간장 담그는 법

준비물 : 메주 1말(8kg), 에너지 물 소금 3말(60ℓ), 왕대나무 (생나무) 3메디량, 참숯(백탄), 건고추·대추 두어 개, 백탄으로 잘 소독한 항아리

1. 잘 소독된 항아리에 왕대나무 3마디를 반 갈라서(쪼개) 넣는다. 대나무 속에 풍부한 아미노산을 물 소금이 숙성 과정에서 모두 흡착한다.
2. 메주를 항아리에 넣고 물 소금·고추·대추·불 피운 백

탄을 넣고 3일간 둔다.

3. 4일째부터 햇빛이 잘 들고 공기가 깨끗한 곳에 뚜껑을 자주 여닫아 주고 40~60일 정도 숙성시킨다.

4. 숯·고추·대추, 대나무를 먼저 건지고 메주를 건져 낸다. 간장은 체에 받쳐 그냥 두거나 한 번 끓여서 먹는다.

나트륨을 낮춘 '만능간장' 만드는 법

1. 사과·배 각 반쪽씩, 건고추·표고·생강 각 두어 개, 파뿌리(약 10㎝), 가다랑어포 한 줌, 양파(껍질째) 반쪽, 통후추 몇 개를 물에 넣어 20분간 끓인다.

2. 다시마를 넣고 10분간 더 끓인 후 불을 끈다.

3. 국물의 2배 되는 간장을 넣고 조청과 청주를 각 두 술 정도

소금과 물, 바로 알면 건강이 보인다

넣어 잘 섞어 가며 끓인다.

4. 완전히 식힌 후 소독한 유리병 등에 담는다. 기호에 따라
   인삼, 아로니아, 레몬, 꽃게 등을 가감해 넣는다.

이렇게 만들어 바로 밥을 비벼 먹어도 맛있다. 각종 요리를
할 때 고추장이나 고춧가루 · 된장 · 참기름 · 식초 등을 더해 조
리에 쓰면 된다. 이 간장이야말로 온 집안의 보약이다. 꼭 체험
하여 보길 바란다. 한나절이면 담글 수 있고, 가까운 친지나 지
인에게 나누어 주면 두고두고 감사해한다.

건강 125세까지 살아가는 실천 운동

이 책을 통하여 독자님들이 생활 속에서 조금만 신경 쓰면 돈
안들이고 할 수 있는 건강법 중 일부를 소개하였다. 실천하여
건강하게 생을 즐기면서 125세 장수를 누리길 바란다. 10년 뒤
에는 알약 1알만 먹어도 20년 수명이 연장되는 약이 나올 수 있
다고 하는 말도 들었다. 무한한 가능성이 열린 시대 아닌가?

1. 낙천적으로 살라. 화도 미움, 질투, 시기, 흘려보내라. 누
   구나 나를 좋아할 수는 없다. 나를 미워하는 사람들은 엄

물과 소금, 잘 알고 잘 먹어 건강 125세를 지키자!

밀히 말하면 그들 사정이다. 인생을 즐기는 사람은 30년을 더 산다.

2. 항상 머리를 차게, 발을 따뜻하게 하라. 기분(기(氣)의 분포)이 좋아 건강은 저절로 만들어진다.

3. 식사 전 1분씩 크게 웃어라. 자! 웃어 보자. 하! 하! 하! 10년은 더 산다.

4. 작은 일도 크게 감사하고 기뻐하라. 기쁨의 크기만큼 건강해진다.

5. 사랑을 증폭시켜라. 음식을 대할 때도, 사람을 대할 때도 사랑하는 마음으로 말을 해라. 사랑은 생명 세포를 활성화시킨다.

소금과 물, 바로 알면 건강이 보인다

6. 숙면을 취하라. 잠자리에서 "오늘도 감사히 행복했습니다!" 하고 "아! 편안하다!"고 생각하며 잔다. 잠을 잘 자면 건강해진다.

7. 유머를 활용하라. 세계적인 장수인들은 모두 유머의 천재들이다.

8. 물을 많이 먹어라. 하루 2리터는 꼭 먹는다. 그리고 좋은 소금을 적당히 (하루 12-13g) 섭취하고, 물 건강법이 중요하다.

9. 욕심을 절반만 줄여라. 실상 욕심을 갖는다고 해도 욕심인 채로 끝나는 일이 90% 이상이다. 욕심을 절반으로 줄이면, 건강은 저절로 배로 늘어난다.

10. 마음의 여유를 가져라. 오늘 안 되면 안 된다는 강박관념을 버려라. 느긋하면 에너지가 충전된다.

11. 음식은 골고루 먹어라. 밥이 보약이다.

12. 술을 조금씩 마셔라. 술은 군자의 음식으로, 적당히 마시면 약주다. 소화가 잘되고 혈액 순환도 잘된다.

13. 취미를 살려라. 하나 이상의 즐기는 취미는 꼭 필요하다. 좋은 취미는 건강의 기본이다.

14. 아침마다 맨손체조를 10분 이상 하라. 헬스클럽이 따로 없다.

15. 손발을 부지런히 써라. 손발만 건강하면 다른 기능도 좋

아진다.

16. 웬만한 거리는 걸어서 다녀라. 걸어 다니면 저절로 건강해진다.

17. 나갔다 오면 손발을 소금을 조금 희석한 물에 깨끗이 씻어라. 잡균의 위협도 대단하다.

18. 하늘이 무너져도 솟아날 구멍이 있다. 무슨 일에든 낙심하지 말고, 방법(구멍)을 찾아라.

19. 감사하는 생활을 하라. 늘, 언제나 무엇이든 감사하자. 고통마저도……. 고통은 우리를 보다 완전한 인간이 되도록 해 주는 축복이다. 감사하는 생활은 수명장수를 보장한다.

20. 그날 피로는 그날 풀자. 쌓인 피로는 천하장사도 당해 내지 못한다. 아래의 '발끝치기' 운동을 실천해 보자.

발끝치기 운동법

필자는 여러 가지 이유로 생활 운동은 잘 못하나 하루 10~15분 발끝치기 운동은 꼭 하는데, 그 효과는 대단하다.

먼저, 아침에 일어나자마자 적당 온도의 알칼리 산소수를 10분 안에 600㏄를 먹는다. 그리고 베개를 낮게 베고 일자로 바르게 누워 발뒤꿈치를 붙이고 발끝을 자연스럽게 탁탁 부딪치는 간단한 운동이다.

이때 '우주에서 하늘에 기운이 내 정수리를 타고 들어와 온몸으로 퍼지는구나. 아! 기분이 좋다.'라고 생각하며 본인 자신이 귀하고 사랑스럽다는 마음으로 '홍! 길! 동! 님!' 하고 본인 이름을 마음으로 외친다. 쾅 쾅 에너지지가 내 온몸으로 들어온다고 생각하면서……. 하루 최하 15분간 진행한다.

참고로 인터넷에 "발끝치기"를 검색하면 된다. 같은 일이나 운동을 하더라도 본인이 어떤 마음을 가지고 하느냐가 아주 중요함을 명심하자!

■ 에필로그

　가장 초보적인 상식에서 우리는 모든 지혜가 있다는 것을 확인하였다.

　건강은 건강할 때 지켜라!

　그렇다. 어제 돌아가신 분들이 그렇게도 살고 싶었던 오늘을 우리는 산다. 그러니 감사하고 감사한 마음을 갖자.

　지금 이 시간에도 수많은 환자들은 재래시장에서 한 바퀴 돌면서 시장 보는 것이 소원이라는 말을 한다.

　큰 것이 행복이 아니다. 올바른 소금과 물 건강법으로 조금이라도 독자 제위님들이 건강하게 살아가기를 기도한다. 내가 건강을 가꾸는 시간에 이 세상에서는 아무 일도 일어나지 않는다.

　돈 벌고 나서 건강을 챙기자? 명예를 얻고 건강을 챙기자? 아니다. 그때 건강을 챙기기에는 이미 너무 늦은 상태일지도 모른다. 그리고 한번 잃은 건강을 치료하는 것보다는 건강을 잃기 전에 예방하는 것이 더 좋지 않은가? 건강이 최우선이라는 사실을 누구나 아는 것처럼 누구나 행동하길 바란다.

　필자의 조언으로 투어멀린(電氣石)을 이용하여 소금에 원료가 되는 바닷물과 식수, 농업용수, 축산용, 양어장용 물을 기능성 환원水기(일명: 토션수기)를 연구·개발하여 제품을 생산 실생활에 적용케 한 ㈜오성 나노텍 신성호 대표에게 감사드린다.

 마지막으로, 전남 신안군 영광군 염전을 운영하는 염주들께서 많은 조언을 해 주신 데 대해 깊은 감사를 드린다.

저자 채점식 蔡点植

소금산업 진흥법

[시행 2015.12.23.] [법률 제13383호, 2015.6.22., 타법개정]

해양수산부(유통가공과), 044-200-5450, 5449 담당 해수부 유통정책과

제1장 총칙

제1조(목적) 이 법은 소금산업의 진흥과 소금의 품질관리에 필요한 사항을 정하여 소금산업의 발전 및 경쟁력 강화를 도모하고 국민에게 품질 좋은 소금 및 소금가공품을 공급함으로써 국가경제 발전과 국민의 삶의 질 향상에 이바지함을 목적으로 한다.

제2조(정의) 이 법에서 사용하는 용어의 뜻은 다음과 같다. 〈개정 2013.3.23.〉

1. "소금"이란 대통령령으로 정하는 비율 이상의 염화나트륨을 함유(含有)한 결정체[이하 "결정체(結晶體)소금"이라 한다]와 함수를 말한다.

2. "함수(鹹水)"란 그 함유 고형분(固形分) 중에 염화나트륨을 100분의 50 이상 함유하고 섭씨 15도에서 보메(baume: 액체의 비중을 나타내는 단위) 5도 이상의 비중(比重)을 가진 액체를 말한다.

3. "염전(鹽田)"이란 소금을 생산·제조하기 위하여 바닷물을 저장하는 저수지, 바닷물을 농축하는 자연증발지, 소금을 결정시키는 결정지 등을 지닌 지면을 말하며, 해주·소금창고 등 해양수산부령으로 정하는 시설을 포함한다.

4. "천일(天日)염"이란 염전에서 바닷물을 자연 증발시켜 생산하는 소금을 말하며, 이를 분쇄·세척·탈수한 소금을 포함한다.

5. "정제소금"이란 결정체소금을 용해한 물 또는 바닷물을 이온교환막에 전기 투석시키는 방법 등을 통하여 얻어진 함수를 증발시설에 넣어 제조한 소금을 말한다.

6. "재제조(再製造)소금"이란 결정체소금을 용해한 물 또는 함수를 여과, 침전, 정제, 가열, 재결정, 염도조정 등의 조작과정을 거쳐 제조한 소금을 말한다.

7. "화학부산물소금"이란 화화물질의 제조·생산·분해 등의 과정에서 발생한 부산물로 제조한 소금을 말한다.

8. "기타소금"이란 다음 각 목의 소금을 말한다.

가. 암염

나. 호수염

다. 천일식제조소금: 바닷물을 증발지에서 태양열로 농축하여 얻은 함수를 증발시설에 넣어 제조한 소금

라. 천일염·정제소금·재제조소금·화학부산물소금·천일식제조소금을 생산·제조하는 방법 이외의 방법으로 생산·

제조한 소금으로서 해양수산부령으로 정하는 것

9. "가공소금"이란 천일염 · 정제소금 · 재제조소금 · 화학부산물 소금 또는 기타소금을 대통령령으로 정하는 비율 이상 사용하여 볶음 · 태움 · 용융(열을 가하여 액체로 만듦)의 방법, 다른 물질을 첨가하는 방법 또는 그 밖의 조작방법 등을 통하여 그 형상이나 질을 변경한 소금을 말한다.

10. "식용소금"이란 사람이 직접 섭취할 수 있는 소금을 말한다.

11. "비식용소금"이란 품질이나 성분 그 자체 또는 생산 · 관리 과정의 위해요소로 인하여 사람이 직접 섭취할 수 없는 소금을 말한다.

12. "소금산업"이란 다음 각 목의 어느 하나에 해당하는 것에 관한 산업을 말한다.

가. 염전의 개발

나. 염전 관련 시설 · 기구 · 자재 등의 개발 · 제조 · 유통 · 판매

다. 소금의 생산 · 제조 · 수입, 저장 · 보관, 유통 또는 판매 · 수출

라. 소금의 생산 · 제조 · 저장 · 유통 등과 관련된 설비 · 기구 · 기계 등의 제조 · 수입, 유통 또는 판매 · 수출

마. 소금 포장 · 용기 등의 제조 · 수입, 유통 또는 판매 · 수출

바. 소금을 사용한 가공제품의 제조 · 수입, 유통 또는 판매 · 수출

사. 그 밖에 대통령령으로 정하는 것

13. "소금사업자"란 소금산업과 관련된 경제활동을 영위하는 자를 말한다.

14. "소금제조업자"란 소금사업자 가운데 염전을 개발하는 자와 다음 각 목의 어느 하나에 해당하는 것을 업으로 하는 자를 말한다.

　　가. 염전에서의 천일염이나 그 밖에 대통령령으로 정하는 소금의 생산 · 제조

　　나. 정제소금의 제조

　　다. 재제조소금의 제조

　　라. 화학부산물소금의 제조

　　마. 기타소금의 생산 · 제조

　　바. 가공소금의 제조

제3조(국가 · 지방자치단체 및 소금사업자의 책무) ① 국가와 지방자치단체는 소금산업의 건전한 발전과 경쟁력 강화 및 소금의 품질향상에 필요한 시책을 수립·시행하여야 한다.

② 소금사업자는 안전하고 품질 좋은 소금 및 소금가공품을 공급하기 위하여 노력하여야 한다.

제4조(다른 법률과의 관계) ① 이 법은 소금산업의 진흥 및 소금의 품질관리

에 관하여 다른 법률에 우선하여 적용한다.

② 소금산업의 진흥 및 소금의 품질관리에 관하여 이 법에서 규정한 것을 제외하고는 「수산업 · 어촌 발전 기본법」, 「식품산업진흥법」, 「식품위생법」 및 「대외무역법」에서 정하는 바에 따른다. 〈개정 2015.6.22.〉

제2장 소금산업의 진흥

제5조(기본계획 및 시행계획의 수립 · 시행) ① 해양수산부장관은 소금산업의 발전과 경쟁력 강화를 도모하기 위하여 5년마다 소금산업진흥 기본계획(이하 "기본계획"이라 한다)을 수립·시행하여야 한다. 〈개정 2013.3.23.〉

② 기본계획에는 다음 각 호의 사항이 포함되어야 한다.

1. 소금산업의 현황 및 전망

2. 소금산업의 진흥 및 소금의 품질관리에 관한 기본방향 및 목표

3. 소금산업 관련 실태조사 및 정보화에 관한 사항

4. 소금사업자 및 소비자의 교육훈련에 관한 사항

5. 소금산업 관련 전문인력의 육성에 관한 사항

6. 소금산업 관련 연구 · 기술개발 등에 관한 사항

7. 소금산업의 수출경쟁력 강화와 해외진출 등에 관한 사항

8. 생산자단체의 육성 · 감독 · 관리 등에 관한 사항

9. 염전소유자와 임차생산자 · 위탁생산자 간이나 생산자와 가공업체 · 식품업체 간의 상생협력에 관한 사항

10. 소금의 수급 및 적정가격에 관한 사항

11. 소금의 유통구조 개선 및 유통효율화에 관한 사항

12. 바닷물, 갯벌 등의 안전관리 등에 관한 사항

13. 염전 및 그 주변 환경의 관리 등에 관한 사항

14. 소금의 품질향상, 품질검사 및 인증제도 등에 관한 사항

15. 소금의 품질 등에 관한 소비자 정보 제공 및 보호에 관한 사항

16. 그 밖에 소금산업의 진흥과 소금의 품질관리를 위하여 필요한 사항

③ 해양수산부장관은 기본계획을 수립하거나 변경하고자 하는 때에는 관계 중앙행정기관의 장과 미리 협의하고 제6조에 따른 소금산업진흥심의회의 심의를 거쳐 확정한다. 다만, 대통령령으로 징하는 경미한 사항을 변경하고자 하는 경우에는 그러하지 아니하다. 〈개정 2013.3.23.〉

④ 해양수산부장관은 기본계획에 따라 매년 소금산업 발전 시행계획(이하 "시행계획"이라 한다)을 수립 · 시행하여야 한다. 〈개정 2013.3.23.〉

⑤ 해양수산부장관은 기본계획 및 시행계획을 수립한 후 관계 중앙행정기관의 장과 특별시장 · 광역시장 · 특별자치시장 · 도지사 · 특별자치도지사(이하 "시 · 도지사"라 한다)에게 통보하여야 한다. 〈개정 2013.3.23.〉

⑥ 그 밖에 기본계획 및 시행계획의 수립 · 변경 · 시행 등에 필요

한 사항은 대통령령으로 정한다.

제6조(소금산업진흥심의회 설치) ① 소금산업의 진흥 등에 관한 사항을 심의하기 위하여 해양수산부장관 소속으로 소금산업진흥심의회(이하 "심의회"라 한다)를 둔다.

1. 기본계획 및 시행계획의 수립에 관한 사항
2. 바닷물, 갯벌 등의 안전관리기준 및 안전관리대책 수립에 관한 사항
3. 식용천일염생산금지해역의 지정 및 지정해제에 관한 사항
4. 염전의 표준모델 및 표준생산공정의 제정·개정에 관한 사항
5. 천일염 표준규격의 제정·개정에 관한 사항
6. 우수천일염인증, 천일염생산방식인증 및 친환경천일염인증에 관한 사항
7. 그 밖에 해양수산부장관이 소금산업의 진흥 및 소금의 품질관리와 관련하여 심의를 요청한 사항

② 심의회는 위원장 및 부위원장 각 1명을 포함한 15명 이내의 위원으로 구성한다.

③ 위원장과 부위원장은 위원 중에서 호선(互選)한다.

④ 위원은 다음 각 호의 사람으로 한다.

1. 해양수산부의 소금산업을 담당하는 공무원 중 해양수산부장관이 지명한 사람

소금과 물, 바로 알면 건강이 보인다

2. 식품의약품안전처 소속 공무원 중에서 식품의약품안전처장의 추천을 받은 사람

3. 다음 각 목의 단체의 장 및 기관의 장이 소속 임직원 중에서 지명한 사람

   가.「수산업협동조합법」에 따른 수산업협동조합중앙회

   나.「염업조합법」에 따른 염업조합

   다.「정부출연연구기관 등의 설립·운영 및 육성에 관한 법률」에 따른 한국해양수산개발원

   라.「과학기술분야 정부출연연구기관 등의 설립·운영 및 육성에 관한 법률」에 따른 한국식품연구원

4. 다음 각 목의 사람 중에서 해양수산부장관이 위촉한 사람. 이 경우 다음 각 목에 해당하는 사람이 각각 1명 이상 포함되어야 한다.

   가. 소금에 관한 학식과 경험이 풍부한 사람 또는 소금산업을 영위하는 사람으로 해당분야에서 10년 이상 종사한 사람

   나. 소금관련 단체 또는 소비자 단체(「비영리민간단체 지원법」제2조에 따른 비영리민간단체를 말한다)의 임직원

   다. 이 법 제13조에 따른 단체의 임직원

   ⑤ 제4항제4호의 위원의 임기는 3년으로 하고, 위원의 사임 등으로 새로 위촉된 위원의 임기는 전임위원 임기의 남은 기간으로 한다.

   ⑥ 그 밖에 심의회의 구성과 운영 등에 필요한 사항은 대통령령으

로 정한다.

[전문개정 2013.3.23.]

제7조(실태조사) ① 해양수산부장관은 기본계획 및 시행계획을 수립·시행하거나 그 밖에 소금산업의 진흥 및 소금의 품질관리에 필요한 정책을 효율적으로 수립·시행하기 위하여 소금산업의 현황 등에 관한 실태조사를 실시할 수 있다. 〈개정 2013.3.23.〉

② 제1항에 따른 실태조사의 범위, 방법 및 그 밖에 필요한 사항은 대통령령으로 정한다.

제8조(교육훈련) ① 국가 또는 지방자치단체는 소금 제조기술 등의 보급·훈련과 관련 규정·제도 및 올바른 소금 사용법 등의 교육을 위하여 소금사업자 및 소비자에 대한 교육훈련을 실시할 수 있다.

② 국가 또는 지방자치단체는 제1항에 따른 교육훈련을 위하여 적절한 시설과 인력을 갖춘 기관 또는 단체를 교육훈련기관으로 지정할 수 있다.

③ 국가 또는 지방자치단체는 제2항에 따라 교육훈련기관으로 지정된 기관 또는 단체가 다음 각 호의 어느 하나에 해당하는 경우에는 그 지정을 취소할 수 있다. 다만, 제1호에 해당하면 그 지정을 취소하여야 한다.

1. 거짓이나 그 밖의 부정한 방법으로 지정을 받은 경우

소금과 물, 바로 알면 건강이 보인다

2. 지정요건에 적합하지 아니하게 된 경우

3. 정당한 사유 없이 교육훈련을 거부하거나 지연한 경우

4. 정당한 사유 없이 1년 이상 교육훈련 업무를 하지 아니한 경우

④ 국가 또는 지방자치단체는 제2항에 따라 지정된 교육훈련기관에 대하여 예산의 범위에서 필요한 지원을 할 수 있다.

⑤ 제2항에 따른 교육훈련기관의 지정 기준 · 절차 등에 필요한 사항은 해양수산부령으로 정한다. 〈개정 2013.3.23.〉

제9조(전문인력의 양성) ① 국가와 지방자치단체는 소금산업의 지속적인 발전과 경쟁력 강화를 위하여 전문인력을 양성하는 데 노력하여야 한다.

② 국가 또는 지방자치단체는 제1항에 따른 전문인력의 양성을 위하여 적절한 시설과 인력을 갖춘 「고등교육법」 제2조에 따른 대학, 소금에 관한 연구활동을 목적으로 설립된 연구소 또는 「식품산업진흥법」 제14조에 따라 소금의 생산 · 제조 관련 식품명인으로 지정받은 자가 기능전수를 하는 기관이나 법인 · 단체 등을 전문인력 양성기관으로 지정할 수 있다.

③ 국가 또는 지방자치단체는 제2항에 따라 전문인력 양성기관으로 지정된 기관 또는 단체가 다음 각 호의 어느 하나에 해당하는 경우에는 그 지정을 취소할 수 있다. 다만, 제1호에 해당하면 그 지정을 취소하여야 한다.

1. 거짓이나 그 밖의 부정한 방법으로 지정을 받은 경우

2. 지정요건에 적합하지 아니하게 된 경우

3. 정당한 사유 없이 전문인력 양성을 거부하거나 지연한 경우

4. 정당한 사유 없이 1년 이상 전문인력 양성업무를 하지 아니한 경우

④ 국가 또는 지방자치단체는 제2항에 따라 지정된 전문인력 양성기관에 대하여 대통령령으로 정하는 바에 따라 예산의 범위에서 필요한 지원을 할 수 있다.

⑤ 제2항에 따른 전문인력 양성기관의 지정 기준·절차 등에 필요한 사항은 해양수산부령으로 정한다. 〈개정 2013.3.23.〉

제10조(연구 및 기술개발) ① 해양수산부장관은 소금 및 소금가공품의 품질 향상 및 다양화와 소금산업의 생산성 향상 및 유통 효율화 등에 관한 연구 및 기술개발을 촉진하기 위하여 다음 각 호의 사항을 추진하여야 한다. 〈개정 2013.3.23.〉

1. 소금산업 관련 동향조사 및 관련 기술의 수요조사

2. 소금산업 관련 연구 및 기술개발

3. 소금산업 관련 정보교류 및 기술의 협력

4. 그 밖에 소금산업 관련 연구 및 기술개발에 필요한 사항

② 해양수산부장관은 소금산업 관련 연구를 하거나 기술을 개발하는 자에 대하여 필요한 비용을 지원할 수 있다. 〈개정 2013.3.23.〉

소금과 물, 바로 알면 건강이 보인다

제11조(연구성과와 개발기술의 실용화 등) ① 해양수산부장관은 제10조에 따른 연구 및 기술개발로 얻어진 연구성과와 개발기술의 실용화 및 산업화를 촉진하기 위하여 다음 각 호의 사항을 추진하여야 한다. 〈개정 2013.3.23.〉

1. 소금사업자에 대한 연구성과와 개발기술의 보급

2. 연구성과와 개발기술에 대한 권리의 확보

3. 연구성과와 개발기술의 거래 및 이전의 활성화

4. 소금산업 관련 신기술 제품의 생산 지원

5. 소금산업 관련 중소기업 · 벤처기업의 창업 지원

6. 그 밖에 연구성과와 개발기술의 실용화 및 산업화를 촉진하기 위하여 필요한 사항

② 해양수신부장관은 소금신업 관련 연구성과와 개발기술을 실용화 및 산업화하는 자에 대하여 필요한 지원을 할 수 있다. 〈개정 2013.3.23.〉

③ 해양수산부장관은 제10조에 따른 연구 및 기술개발과 제1항에 따른 연구성과 · 개발기술의 실용화 및 산업화를 효율적으로 추진하기 위하여 대통령령으로 정하는 바에 따라 소금연구센터를 설치 · 운영할 수 있다. 〈개정 2013.3.23.〉

제12조(국제교류 및 해외진출 촉진 등) ① 국가 또는 지방자치단체는 소금산업의 수출경쟁력을 높이고 우리나라 소금의 해외진출을 촉진하기 위하여 다음 각 호의 사업을 추진할 수 있다.

1. 소금산업 해외시장 및 수출 관련 정보 수집 · 제공

2. 소금산업 관련 정보 · 기술 · 인력의 국제교류

3. 소금산업 관련 해외시장개척 · 홍보활동에 대한 지원

4. 소금산업 관련 국제박람회 등의 개최 · 참가

5. 그 밖에 소금산업과 관련된 국제교류 및 해외진출 촉진을 위하여 필요하다고 인정하는 사업

② 해양수산부장관은 제1항에 따라 해외진출을 촉진하는 사업을 추진하는 경우 「식품산업진흥법」 제17조에 따른 전통식품과 식생활 문화의 세계화 시책과의 연계강화를 위하여 노력하여야 한다. 〈개정 2013.3.23.〉

③ 국가는 우리나라 소금의 품질향상과 해외진출을 촉진하기 위하여 국제식량농업기구 · 국제식품규격위원회 등 국제기구와의 협력 증진을 통하여 우리나라 소금에 대한 국제규격화를 추진하여야 한다.

④ 국가 또는 지방자치단체는 우리나라 소금을 해외에 홍보 · 수출하거나 해외시장을 개척하는 자 또는 단체 등에게 필요한 지원을 할 수 있다.

제13조(단체의 설립 및 지원) ① 소금사업자 또는 소금산업과 관련된 자로서 해양수산부령으로 정하는 자는 소금산업의 발전을 위하여 해양수산부장관의 인가를 받아 단체를 설립할 수 있다. 〈개정 2013.3.23.〉

소금과 물, 바로 알면 건강이 보인다

② 제1항의 단체는 법인으로 하며, 단체의 정관 · 운영 · 감독 등에 필요한 사항은 해양수산부령으로 정한다. 〈개정 2013.3.23.〉

③ 해양수산부장관은 제1항에 따른 단체가 소금산업의 진흥과 소금의 품질향상 등을 위한 사업을 하려는 경우 그 사업의 타당성 및 공익성 등을 종합적으로 검토하여 예산의 범위에서 필요한 지원을 할 수 있다. 〈개정 2013.3.23.〉

④ 제1항에 따른 단체에 관하여 이 법에 규정된 것을 제외하고는 「민법」 중 사단법인에 관한 규정을 준용한다.

제14조(제조시설 등의 현대화 등) ① 해양수산부장관은 소금산업의 경쟁력 강화 및 생산성 향상과 안전성 확보를 위하여 염전, 염전의 주변환경, 염전 관련 기구·자재 및 소금 생산·제조 시설(숙성시설을 포함한다. 이하 같다) 등의 현대화·규모화·자동화에 필요한 시책을 수립·시행하여야 한다. 〈개정 2013.3.23.〉

② 해양수산부장관은 소금의 공정한 거래를 활성화하고 소비자를 보호하기 위하여 소금의 포장 · 용기 등의 현대화 · 규격화 및 포장 설비의 현대화 · 자동화에 필요한 시책을 수립 · 시행하여야 한다. 〈개정 2013.3.23.〉

③ 국가 또는 지방자치단체는 제1항에 따른 현대화 · 규모화 · 자동화 시책에 따라 염전, 염전 관련 기구 · 자재 및 소금 생산 · 제조 시설 등을 설치 · 개선하려는 소금제조업자(염전의 임차생산자 및 위탁

생산자를 포함한다. 이하 이 항에서 같다)와 제2항에 따라 현대화 · 규격화된 포장 · 용기 등을 사용하거나 포장설비를 현대화 · 자동화하려는 소금제조업자 또는 소금유통업자에 대하여 필요한 비용을 지원할 수 있다.

④ 제3항에 따른 지원의 구체적 대상 및 지원의 기준 · 절차 · 방법 등에 관하여 필요한 사항은 해양수산부령으로 정한다. 〈개정 2013.3.23.〉

제15조(전시 및 홍보 등) ① 국가 또는 지방자치단체는 우리나라 소금의 우수성 홍보와 소금산업의 활성화를 위하여 소금 전시회를 개최·운영할 수 있다.

② 국가 또는 지방자치단체는 우리나라 소금의 우수성을 홍보하거나 소비자에게 올바른 소금 사용법 등을 교육하는 홍보관 또는 교육관을 설치 · 운영하는 자에 대하여 필요한 지원을 할 수 있다.

③ 제1항에 따른 전시회의 개최 · 운영 및 제2항에 따른 지원의 대상 · 기준 · 절차 · 방법 등에 관하여 필요한 사항은 해양수산부령으로 정한다. 〈개정 2013.3.23.〉

제16조(소금산지종합처리장의 설치 · 운영) ① 국가 또는 지방자치단체는 소금의 선별·포장·규격출하·가공·판매 등을 촉진하기 위하여 소금산지종합처리장을 설치·운영하거나 이를 설치하고자 하는 자에게 부지확보 또는 시설

물 설치 등에 필요한 지원을 할 수 있다.

② 국가 또는 지방자치단체는 소금산지종합처리장의 운영을 생산자단체나 대통령령으로 정하는 법인 또는 단체에 위탁하고 그 운영에 필요한 지원을 할 수 있다.

③ 그 밖에 소금산지종합처리장의 설치 · 운영 · 지원 등에 관하여 필요한 사항은 해양수산부령으로 정한다. 〈개정 2013.3.23.〉

제17조(생산지소금유통센터의 설치 · 운영 등) ① 해양수산부장관 또는 시·도지사는 소금의 공정한 거래를 촉진하고 건전한 유통·판매를 활성화하기 위하여 생산지에 소금 유통·판매센터(이하 "생산지소금유통센터"라고 한다)를 설치·운영하거나 이를 설치하고자 하는 자에게 부지확보 또는 시설물설치 등에 필요한 지원을 할 수 있다. 〈개정 2013.3.23.〉

② 해양수산부장관은 생산지소금유통센터의 운영을 「한국농수산식품유통공사법」에 따른 한국농수산식품유통공사에 위탁하고 그 운영에 필요한 지원을 할 수 있다. 〈개정 2013.3.23.〉

③ 해양수산부장관은 소금의 전자거래(「전자거래기본법」 제2조제5호에 따른 전자거래를 말한다. 이하 같다)를 활성화하기 위하여 노력하여야 한다. 〈개정 2013.3.23.〉

④ 그 밖에 생산지소금유통센터의 설치 · 운영 · 지원 및 전자거래 활성화 등에 관하여 필요한 사항은 대통령령으로 정한다.

제18조(우선구매 등) ① 해양수산부장관은 소금의 품질향상과 소금산업의 활성화를 위하여 국가, 지방자치단체 또는 공공기관의 집단급식시설이나 그 밖에 대통령령으로 정하는 집단급식시설에 대하여 제33조에 따른 표준규격품, 제39조에 따른 우수천일염인증품, 제40조에 따른 생산방식인증품 및 제41조에 따른 친환경천일염인증품을 우선적으로 구매하도록 요청할 수 있다. 〈개정 2013.3.23.〉

② 해양수산부장관은 소금산업과 식품산업 · 외식산업과의 연계를 강화하여 소금의 경제적 부가가치를 제고하기 위하여 「식품산업진흥법」에 따른 식품사업자 또는 「외식산업 진흥법」에 따른 외식사업자로 하여금 제33조에 따른 표준규격품, 제39조에 따른 우수천일염인증품, 제40조에 따른 생산방식인증품 및 제41조에 따른 친환경천일염인증품의 사용을 촉진하도록 하는 시책을 수립 · 시행하고, 그 시책에 따라 해당 소금을 사용하는 식품사업자 및 외식사업자에 대하여 필요한 경비를 지원할 수 있다. 〈개정 2013.3.23.〉

제19조(상생협력사업의 장려) ① 해양수산부장관은 염전소유자와 임차생산자·위탁생산자 간이나 생산자 또는 그 단체와 가공업체·식품업체 간에 기술·인력·자금·구매·판로 등의 부문에서 서로의 이익을 증진하기 위한 상생협력사업을 실시하도록 장려할 수 있다. 〈개정 2013.3.23.〉

② 해양수산부장관은 제1항에 따른 상생협력사업을 실시하는 자에 대하여 필요한 지원을 할 수 있다. 〈개정 2013.3.23.〉

소금과 물, 바로 알면 건강이 보인다

제20조(컨설팅 지원) ① 해양수산부장관은 소금사업자의 경영·기술·재무·회계 등의 개선을 위하여 컨설팅 실시 기관을 지정하여 다음 각 호의 사항에 대하여 컨설팅 지원을 실시하도록 할 수 있다. 〈개정 2013.3.23.〉

1. 소금사업자의 규모와 업종에 적합한 컨설팅 서비스의 제공

2. 컨설팅 결과의 신뢰성 확보를 위한 평가체계의 구축

3. 컨설팅 결과와 융자 · 보조 등 지원수단과의 연계

4. 그 밖에 컨설팅 기반 강화를 위하여 필요한 사업

② 해양수산부장관은 제1항에 따라 컨설팅을 실시하는 기관에 대하여 필요한 지원을 할 수 있다. 〈개정 2013.3.23.〉

③ 제1항에 따른 컨설팅 실시 기관의 지정 기준 · 절차 및 관리 등에 관하여 필요한 사항은 해양수산부령으로 정한다. 〈개정 2013.3.23.〉

제3장 염전원부 및 허가 · 신고

제21조(염전원부의 작성과 비치) ① 염전 소재지를 관할하는 특별자치시장·특별자치도지사·시장·군수·구청장(자치구의 구청장을 말하며, 이하 "시장·군수·구청장"이라 한다)은 염전의 소유 및 이용 실태를 파악하여 이를 효율적으로 이용하고 관리하기 위하여 대통령령으로 정하는 바에 따라 염전원부(鹽田原簿)를 작성하여 갖추어 두어야 한다.

② 시장 · 군수 · 구청장은 염전원부의 내용에 변동사항이 생기면 그 변동사항을 지체 없이 정리 · 기록하여야 한다.

③ 제1항에 따른 염전원부에 기록할 사항을 전산정보처리조직으로 처리하는 경우 그 염전원부 파일(자기디스크나 자기테이프, 그 밖에 이와 비슷한 방법으로 기록하여 보관하는 염전원부를 말한다)은 제1항에 따른 염전원부로 본다.

④ 시장·군수·구청장은 제1항에 따른 염전원부를 작성·정리하거나 염전의 소유·이용 실태를 파악하기 위하여 필요하면 해당 염전 소유자 및 임차생산자·위탁생산자에게 필요한 사항을 보고하게 하거나 관계 공무원으로 하여금 해당 염전 및 사업장 또는 그 밖의 장소에 출입하여 그 상황을 조사하게 할 수 있다.

⑤ 제4항에 따라 보고하게 하거나 출입하여 조사를 하는 때에는 해당 염전소유자, 임차생산자·위탁생산자 또는 점유자·관리인은 정당한 사유 없이 거부·방해 또는 기피하여서는 아니 된다.

⑥ 제4항에 따라 출입하여 조사를 할 때에는 미리 출입·조사의 일시, 목적, 대상 등을 관계인에게 알려야 한다. 다만, 긴급한 경우나 미리 알리면 그 목적을 달성할 수 없다고 인정되는 경우에는 그러하지 아니하다.

⑦ 제4항에 따라 조사를 하는 관계 공무원은 그 권한을 표시하는 증표를 관계인에게 내보여야 하며, 출입 시 성명·출입시간·출입목적 등이 표시된 문서를 관계인에게 발급하여야 한다.

⑧ 염전원부의 기록사항·서식·작성·관리와 전산정보처리조직 등에 필요한 사항은 해양수산부령으로 정한다. 〈개정 2013.3.23.〉

소금과 물, 바로 알면 건강이 보인다

제22조(염전원부의 열람 또는 등본 등의 발급) 시장·군수·구청장은 염전원부의 열람신청 또는 등본의 발급신청을 받으면 해양수산부령으로 정하는 바에 따라 염전원부를 열람하게 하거나 그 등본을 발급하여 주어야 한다. 〈개정 2013.3.23.〉

제23조(소금제조업 등의 허가) ① 다음 각 호의 어느 하나에 해당하는 자는 시·도지사의 허가를 받아야 한다. 허가받은 사항 중 해양수산부령으로 정하는 중요한 사항을 변경하거나 폐전·폐업하려는 경우에도 또한 같다. 〈개정 2013.3.23.〉

1. 염전을 개발하는 자
2. 염전에서의 천일염이나 그 밖에 대통령령으로 정하는 소금의 생산 · 제조를 업으로 하는 자
3. 천일식제조소금의 제조를 업으로 하는 자

② 시 · 도지사는 제1항에 따라 허가를 받은 자에게 해양수산부령으로 정하는 바에 따라 그 허가 사실을 증명하는 서류를 발급하여야 한다. 〈개정 2013.3.23.〉

③ 제1항에 따른 허가의 요건 · 시설기준 및 절차는 대통령령으로 정한다.

제24조(허가의 제한) 다음 각 호의 어느 하나에 해당하는 자는 제23조 제1항에 따른 허가를 받을 수 없다.

1. 제23조를 위반하여 벌금 이상의 형을 선고받고 그 집행이 끝
   나거나(집행이 끝난 것으로 보는 경우를 포함한다) 집행이 면제된
   날부터 2년이 지나지 아니한 자
2. 제26조에 따라 허가가 취소된 후 2년이 지나지 아니한 자
3. 임원 중에 제1호나 제2호에 해당하는 사람이 있는 법인

제25조(허가에 따른 지위의 승계) ① 제23조제1항에 따라 허가를 받은 자가 사
망하거나 그 권리·의무를 양도하는 경우 또는 법인이 합병한 경우에는 상속
인, 양수인 또는 합병 후 존속하는 법인이나 합병으로 설립되는 법인이 그
지위를 승계한다.

② 제23조 제1항에 따라 허가를 받은 자의 염전 또는 소금 생산·
제조 시설의 전부를 다음 각 호의 어느 하나에 해당하는 절차에 따
라 인수한 자는 그 허가를 받은 자의 지위를 승계한다.
1. 「민사집행법」에 따른 경매
2. 「채무자 회생 및 파산에 관한 법률」에 따른 환가(換價)
3. 「국세징수법」, 「관세법」 또는 「지방세기본법」에 따른 압류재산
   의 매각
4. 그 밖에 제1호부터 제3호까지의 규정에 준하는 절차

③ 제1항 또는 제2항에 따라 허가에 따른 지위를 승계한 자는 해
양수산부령으로 정하는 바에 따라 승계한 날부터 30일 이내에 시·
도지사에게 신고하여야 한다. 〈개정 2013.3.23.〉

소금과 물, 바로 알면 건강이 보인다

제26조(허가취소 등) 시·도지사는 제23조제1항에 따라 허가를 받은 자가 다음 각 호의 어느 하나에 해당하면 그 허가를 취소하거나 1년 이내의 기간을 정하여 영업정지를 명할 수 있다. 다만, 제1호, 제2호, 제4호 또는 제6호에 해당하면 그 허가를 취소하여야 한다. 〈개정 2015.2.3.〉

1. 거짓이나 그 밖의 부정한 방법으로 허가를 받은 경우

2. 영업정지 기간 중에 영업을 한 경우

3. 제23조제3항에 따른 허가의 요건·시설기준에 미달하게 된 경우

4. 제24조에 따른 허가의 제한사항에 해당하게 된 경우(법인의 임원이 그 사유에 해당하게 된 경우 3개월 이내에 그 임원을 바꾸어 임명한 경우에는 그러하시 아니하다)

5. 제28조에 따른 안전관리기준을 위반한 경우

6. 염전근로자의 자유의사에 어긋나는 근로강요행위를 한 것이 적발된 경우

제27조(비식용소금 제조업 등의 신고) ① 대통령령으로 정하는 비식용 소금을 생산·제조·수입하려는 자는 해양수산부장관에게 신고하여야 한다. 신고한 사항 중 해양수산부령으로 정하는 중요한 사항을 변경하거나 폐업하려는 경우에도 또한 같다. 〈개정 2013.3.23.〉

② 제1항에 따른 신고의 내용·방법·절차 등에 관하여 필요한 사항은 해양수산부령으로 정한다. 〈개정 2013.3.23.〉

제4장 소금의 품질관리

제1절 천일염생산해역의 보존·관리

제28조(안전관리기준 등) ① 해양수산부장관은 안전한 천일염의 생산·공급과 소비자 보호를 위하여 관계 중앙행정기관의 장과 협의하여 식용천일염의 생산에 사용되는 바닷물, 해역, 갯벌, 염전 및 기구·자재 등의 안전관리기준(이하 "안전관리기준"이라 한다)을 정하여 고시하여야 한다. 〈개정 2013.3.23.〉

② 해양수산부장관은 천일염과 이를 가공한 소금의 품질향상과 안전성 제고를 위하여 식용천일염의 제조에 사용하는 바닷물, 해역, 갯벌, 염전 및 기구·자재 등을 대상으로 안전성 조사를 실시할 수 있다. 〈개정 2013.3.23.〉

③ 해양수산부장관은 안전성 조사 결과 관계 법령에서 정하고 있는 기준에 위반되는 사항이 발견된 경우 관계 행정기관의 장에게 이를 통보하고 관계 법령에 따라 필요한 조치를 하여 줄 것을 요청하여야 한다. 〈개정 2013.3.23.〉

④ 제3항에 따른 요청을 받은 관계 행정기관의 장은 정당한 사유가 없는 한 이에 응하여야 한다.

⑤ 제2항에 따른 안전성 조사의 기준·대상지역 및 절차 등에 필요한 사항은 대통령령으로 정한다.

제29조(식용천일염생산금지해역의 지정 등) ① 해양수산부장관은 안전관리기준

소금과 물, 바로 알면 건강이 보인다

에 맞지 아니하는 해역을 식용천일염생산금지해역으로 지정하여 고시한다. 〈개정 2013.3.23.〉

② 식용천일염생산금지해역에서는 식용천일염의 생산을 목적으로 염전을 개발하거나 식용천일염을 생산할 수 없다.

③ 해양수산부장관은 식용천일염생산금지해역이 안전관리기준에 맞게 되면 식용천일염생산금지해역의 지정을 해제할 수 있다. 〈개정 2013.3.23.〉

④ 제1항에 따른 식용천일염생산금지해역의 지정 기준·절차·방법과 제2항에 따른 식용천일염생산금지해역의 관리 및 제3항에 따른 식용천일염생산금지해역의 지정해제 기준·절차·방법 등에 관하여 필요한 사항은 해양수산부령으로 정한다. 〈개정 2013.3.23.〉

제30조(안전관리대책) ① 해양수산부장관은 관계 중앙행정기관의 장과 협의하여 식용천일염생산금지해역의 환경복원과 안전관리기준에 맞는 해역(이하 "식용천일염생산가능해역"이라 한다)의 보존·관리를 위한 안전관리대책(이하 "안전관리대책"이라 한다)을 수립·시행하여야 한다. 〈개정 2013.3.23.〉

② 해양수산부장관은 제1항에 따라 수립된 안전관리대책을 관계 중앙행정기관의 장과 지방자치단체의 장에게 통보하여야 한다. 〈개정 2013.3.23.〉

③ 해양수산부장관은 안전관리대책의 시행을 위하여 필요한 경우 관계 중앙행정기관의 장 또는 지방자치단체의 장에게 필요한 조치

를 요청할 수 있다. 이 경우 요청받은 관계 기관의 장은 특별한 사유가 없으면 그 요청에 따라야 한다. 〈개정 2013.3.23.〉

제31조(식용천일염생산해역 및 주변해역에서의 제한 또는 금지) ① 누구든지 식용천일염생산가능해역으로서 천일염을 생산하는 해역(이하 "식용천일염생산해역"이라 한다) 및 식용천일염생산해역으로부터 1킬로미터 이내에 있는 해역(이하 "주변해역"이라 한다)에서 다음 각 호의 어느 하나에 해당하는 행위를 하여서는 아니 된다.

1. 「해양환경관리법」 제22조제1항 단서 및 제2항 단서에도 불구하고 같은 법 제2조제11호에 따른 오염물질을 배출하는 행위

2. 「수산업법」 제8조제1항제4호에 따른 어류등양식어업(이하 "양식어업"이라 한다)을 하기 위하여 설치한 양식어장의 시설(이하 "양식시설"이라 한다)에서 「해양환경관리법」 제2조제11호에 따른 오염물질을 배출하는 행위

3. 양식어업을 하기 위하여 설치한 양식시설에서 「가축분뇨의 관리 및 이용에 관한 법률」 제2조제1호에 따른 가축(고양이를 포함한다. 이하 같다)을 사육(가축을 방치하는 경우를 포함한다. 이하 같다)하는 행위

② 해양수산부장관은 식용천일염생산해역에서 생산되는 천일염의 오염을 방지하기 위하여 양식어업의 어업권자(「수산업법」 제19조에 따라 인가를 받아 어업권의 이전·분할 또는 변경을 받은 자와 양식시설의 관

소금과 물, 바로 알면 건강이 보인다

리를 책임지고 있는 자를 포함한다)가 식용천일염생산해역 및 주변해역의 해당 양식시설에서 「약사법」 제85조에 따른 동물용 의약품을 사용하는 행위를 제한하거나 금지할 수 있다. 다만, 식용천일염생산해역 및 주변해역에서 수산물의 질병 또는 전염병이 발생한 경우로서 「수산생물질병 관리법」 제2조제13호의 수산질병관리사나 「수의사법」 제2조제1호의 수의사의 진료에 따라 동물용 의약품을 사용하는 경우에는 그러하지 아니하다. 〈개정 2013.3.23.〉

③ 해양수산부장관은 제2항에 따라 동물용 의약품을 사용하는 행위를 제한하거나 금지하려면 식용천일염생산해역에서 생산되는 수산물의 출하가 집중적으로 이루어지는 시기를 고려하여 3개월을 넘지 아니하는 범위에서 그 기간을 식용천일염생산해역(주변해역을 포함한다)별로 정하여 고시하여야 한다. 〈개정 2013.3.23.〉

제2절 표준규격화

제32조(염전 등의 표준모델 개발 등) ① 해양수산부장관은 소금의 생산성 및 안전성을 높이기 위하여 염전 및 염전 관련 시설·기구·자재 등의 표준모델을 개발하고 천일염의 생산방법별로 생산공정을 표준화하여 보급할 수 있다. 〈개정 2013.3.23.〉

② 제1항에 따른 표준모델의 개발·보급 및 생산공정의 표준화·보급에 관하여 필요한 사항은 해양수산부령으로 정한다. 〈개정

2013.3.23.〉

제33조(표준규격 등) ① 해양수산부장관은 소금의 상품성 및 유통능률을 높이고 공정한 거래를 촉진하며 소비자를 보호하기 위하여 해양수산부령으로 정하는 바에 따라 천일염의 포장규격과 등급규격(이하 "표준규격"이라 한다)을 정할 수 있다. 〈개정 2013.3.23.〉

② 표준규격에 맞는 천일염(이하 "표준규격품"이라 한다)을 출하하는 자는 포장·용기 등에 해양수산부령으로 정하는 바에 따라 표준규격품임을 표시할 수 있다. 〈개정 2013.3.23.〉

제34조(표준규격품에 대한 시정명령 등) ① 해양수산부장관은 표준규격품이 다음 각 호의 어느 하나에 해당하면 그 시정을 명령하거나 해당 표준규격품의 판매금지 또는 표시정지의 조치를 할 수 있다. 〈개정 2013.3.23.〉

1. 표준규격 기준에 맞지 아니한 경우
2. 전업·폐업 등으로 인하여 표준규격품을 생산하기 어렵다고 판단되는 경우
3. 해당 표시방법을 위반한 경우
4. 정당한 사유 없이 제53조에 따른 보고 및 출입·조사·점검·검사 등을 거부한 경우

② 제1항에 따른 시정명령·판매금지·표시정지의 세부기준은 해양수산부령으로 정한다. 〈개정 2013.3.23.〉

제35조(품질검사 등) ① 소금제조업자가 생산·제조한 소금과 수입한 소금은 해양수산부장관이나 「염업조합법」에 따른 염업조합(이하 "염업조합"이라 한다) 또는 해양수산부장관이 지정하는 기관의 품질검사를 받아야 한다. 다만, 다음 각 호의 어느 하나에 해당하는 소금은 품질검사를 생략할 수 있다. 〈개정 2013.3.23.〉

1. 제39조에 따른 우수천일염인증품

2. 제40조에 따른 생산방식인증품

3. 제41조에 따른 친환경천일염인증품

4. 「식품위생법」 제19조에 따라 신고된 소금

5. 「식품위생법」 제37조에 따라 영업허가를 받은 자 또는 영업신고를 한 자가 같은 법 제31조에 따라 검사한 소금

6. 소금의 사용 목적상 품질검사가 필요하지 아니하다고 인정되는 것으로서 해양수산부령으로 정하는 것

② 제1항에 따른 품질검사를 하는 기관(이하 "품질검사기관"이라 한다)으로 지정받으려는 자는 다음 각 호의 요건을 모두 갖추어 해양수산부령으로 정하는 바에 따라 해양수산부장관에게 지정 신청을 하여야 한다. 〈개정 2013.3.23.〉

1. 해양수산부령으로 정하는 검사인력과 검사시설을 갖출 것

2. 영리를 목적으로 하지 아니하는 법인이나 단체일 것

3. 소금제조업자가 아닐 것

③ 품질검사기관은 해양수산부령으로 정하는 품질검사의 기준, 방법 및 절차에 따라 품질검사를 하고 그 기록을 작성·보관하여야 하며 해양수산부장관에게 검사실적을 보고하여야 한다. 〈개정 2013.3.23.〉

④ 품질검사기관은 해양수산부령으로 정하는 바에 따라 품질검사에 관한 세부적인 사항을 규정한 자체규정을 정하여 해양수산부장관의 승인을 받아야 한다. 〈개정 2013.3.23.〉

⑤ 품질검사기관은 품질검사를 신청한 자에게 해양수산부령으로 정하는 바에 따라 그 검사 내역과 결과를 증명하는 서류를 발급하여야 한다. 〈개정 2013.3.23.〉

⑥ 제3항에 따른 검사기록의 작성·보관 및 검사실적의 보고 등에 관하여 필요한 사항은 대통령령으로 정한다.

제36조(품질검사기관의 지정취소 등) 해양수산부장관은 품질검사기관이 다음 각 호의 어느 하나에 해당하는 경우에는 그 지정을 취소하거나 6개월 이내의 기간을 정하여 품질검사 업무를 정지하도록 명할 수 있다. 다만, 제1호나 제2호에 해당하면 그 지정을 취소하여야 한다. 〈개정 2013.3.23.〉

1. 거짓이나 그 밖의 부정한 방법으로 지정을 받은 경우
2. 업무정지 기간 중에 품질검사 업무를 한 경우
3. 정당한 사유 없이 계속하여 6개월 이상 품질검사 업무를 하지 아니한 경우

소금과 물, 바로 알면 건강이 보인다

4. 제35조 제2항에 따른 요건에 적합하지 아니하게 된 경우

5. 제35조 제3항 또는 제4항에 따른 품질검사 업무를 하지 아니한 경우

6. 정당한 사유 없이 품질검사를 거부하거나 지연한 경우

제37조(품질표시 등) ① 소금제조업자(화학부생물소금 제조업자를 제외한다. 이하 이 항에서 같다)가 제조한 소금과 수입한 소금은 해당 소금의 포장·용기 등에 품질표시를 하여야 한다. 다만, 소금의 사용 목적상 품질표시가 필요하지 아니하다고 인정되는 것으로서 해양수산부령으로 정하는 것은 품질표시를 생략할 수 있다. 〈개정 2013.3.23.〉

② 제1항 본문에도 불구하고 「식품위생법」에 따라 품질표시를 한 소금의 경우에는 제1항에 따른 품질표시를 한 것으로 본다.

③ 제1항에 따른 품질표시의 기준·방법 등에 관하여 필요한 사항은 해양수산부령으로 정한다. 〈개정 2013.3.23.〉

제38조(지리적표시의 등록제도) ① 해양수산부장관은 지리적 특성을 가진 우수한 소금 또는 소금가공품의 품질을 향상시키고 이를 지역특화산업으로 육성하며 소비자를 보호하기 위하여 소금에 대하여 지리적표시의 등록제도를 실시한다. 〈개정 2013.3.23.〉

② 제1항에 따른 지리적표시의 등록제도에 대하여는 「농수산물 품질관리법」을 준용한다.

제4절 천일염 인증제도

제39조(우수천일염인증) ① 해양수산부장관은 고품질 천일염의 생산을 촉진하고 소비자를 보호하기 위하여 우수한 품질의 천일염에 대하여 인증제도를 실시한다. 〈개정 2013.3.23.〉

② 해양수산부장관은 다음 각 호의 사항이 포함된 우수천일염의 생산·관리 및 품질관리에 관한 기준(이하 "우수천일염생산기준"이라 한다)을 정하여 고시하여야 한다. 〈개정 2013.3.23.〉

1. 우수천일염의 생산·관리 및 품질관리에 사용하는 바닷물, 갯벌, 시설, 기구 및 자재 등에 관한 사항

2. 우수천일염을 생산·관리 및 품질관리하는 염전·작업장 및 그 주변환경에 관한 사항

3. 우수천일염의 생산·관리 및 품질관리에 관한 사항

4. 그 밖에 해양수산부령으로 정하는 사항

③ 제1항에 따라 우수천일염에 대한 인증(이하 "우수천일염인증"이라 한다)을 받으려는 자는 해양수산부장관에게 신청하여야 한다. 다만, 다음 각 호의 어느 하나에 해당하는 자는 우수천일염인증을 신청할 수 없다. 〈개정 2013.3.23.〉

1. 제47조에 따라 우수천일염인증이 취소된 후 1년이 지나지 아니한 자

2. 우수천일염인증과 관련하여 벌금 이상의 형이 확정된 후 1년이 지나지 아니한 자

소금과 물, 바로 알면 건강이 보인다

④ 우수천일염인증을 받은 자는 우수천일염생산기준을 적용한 염전또는 작업장에서 우수천일염생산기준에 따라 생산·관리되는 천일염(이하 "우수천일염인증품"이라 한다)의 포장·용기 등에 우수천일염인증의 표시를 할 수 있다.

⑤ 해양수산부장관은 우수천일염인증을 받기를 희망하거나 인증을 받은 자(종업원을 포함한다)에게 우수천일염인증에 대한 교육훈련을 실시하거나 필요한 기술·정보를 제공할 수 있다. 〈개정 2013.3.23.〉

⑥ 다음 각 호의 사항은 해양수산부령으로 정한다. 〈개정 2013.3.23.〉

1. 제3항에 따른 우수천일염인증 신청의 방법 및 절차 등에 관한 사항
2. 제4항에 따른 우수천일염인증품 표시의 규격 및 방법 등에 관한 사항
3. 제5항에 따른 우수천일염인증 관련 교육훈련 등에 관한 사항

제40조(천일염생산방식의 인증) ① 해양수산부장관은 천일염의 다양화와 소비자 보호를 위하여 대통령령으로 정하는 천일염(이하 "생산방식인증천일염"이라 한다)에 대하여 인증제도를 실시한다. 〈개정 2013.3.23.〉

② 해양수산부장관은 다음 각 호의 사항이 포함된 생산방식인증천일염의 생산·숙성 및 품질관리에 관한 기준(이하 "생산방식인

증천일염의 생산기준"이라 한다)을 정하여 고시하여야 한다. 〈개정 2013.3.23.〉

1. 생산방식인증천일염의 생산 · 숙성 및 품질관리에 사용하는 바닷물, 갯벌, 시설, 기구 및 자재 등에 관한 사항

2. 생산방식인증천일염을 생산 · 숙성 및 품질관리하는 염전 · 작업장 및 그 주변환경에 관한 사항

3. 생산방식인증천일염의 생산 · 숙성 및 품질관리에 관한 사항

4. 그 밖에 해양수산부령으로 정하는 사항

③ 제1항에 따라 생산방식인증천일염에 대한 인증(이하 "천일염생산방식인증"이라 한다)을 받으려는 자는 해양수산부장관에게 신청하여야 한다. 다만, 다음 각 호의 어느 하나에 해당하는 자는 천일염생산방식인증을 신청할 수 없다. 〈개정 2013.3.23.〉

1. 제47조에 따라 천일염생산방식인증이 취소된 후 1년이 지나지 아니한 자

2. 천일염생산방식인증과 관련하여 벌금 이상의 형이 확정된 후 1년이 지나지 아니한 자

④ 천일염생산방식인증을 받은 자는 생산방식인증천일염의 생산기준을 적용한 염전 또는 작업장에서 생산방식인증천일염의 생산기준에 따라 생산 · 숙성 · 관리되는 천일염(이하 "생산방식인증품"이라 한다)의 포장 · 용기 등에 천일염생산방식인증의 표시를 할 수 있다.

⑤ 해양수산부장관은 천일염생산방식인증을 받기를 희망하거나

인증을 받은 자(종업원을 포함한다)에게 천일염생산방식인증에 대한 교육훈련을 실시하거나 필요한 기술·정보를 제공할 수 있다. 〈개정 2013.3.23.〉

⑥ 다음 각 호의 사항은 해양수산부령으로 정한다. 〈개정 2013.3.23.〉

1. 제3항에 따른 천일염생산방식인증 신청의 방법 및 절차 등에 관한 사항

2. 제4항에 따른 생산방식인증품 표시의 규격 및 방법 등에 관한 사항

3. 제5항에 따른 천일염생산방식인증 관련 교육훈련 등에 관한 사항

제41조(친환경천일염인증) ① 해양수산부장관은 환경친화적이고 지속가능한 소금산업을 육성하고 소금의 안전성을 확보하기 위하여 청정한 해역과 주변환경에서 유해한 화학적 합성물질 등을 사용하지 아니하거나 최소화한 염전·시설·기구 등을 사용하여 수서생태계와 환경을 유지·보전하면서 안전하게 생산한 천일염(이하 "친환경천일염"이라 한다)에 대하여 인증제도를 실시한다. 〈개정 2013.3.23.〉

② 해양수산부장관은 다음 각 호의 사항이 포함된 친환경천일염의 생산·관리 및 품질관리에 관한 기준(이하 "친환경천일염생산기준"이라 한다)을 정하여 고시한다. 〈개정 2013.3.23.〉

1. 친환경천일염의 생산·관리 및 품질관리에 사용하는 바닷물, 갯벌, 시설, 기구, 자재 등에 관한 사항

2. 친환경천일염을 생산·관리 및 품질관리하는 염전·작업장 및 그 주변환경에 관한 사항

3. 친환경천일염의 생산·관리 및 품질관리에 관한 사항

4. 그 밖에 해양수산부령으로 정하는 사항

③ 제1항에 따라 친환경천일염에 대한 인증(이하 "친환경천일염인증"이라 한다)을 받으려는 자는 해양수산부장관에게 신청하여야 한다. 다만, 다음 각 호의 어느 하나에 해당하는 자는 친환경천일염인증을 신청할 수 없다. 〈개정 2013.3.23.〉

1. 제47조에 따라 친환경천일염인증이 취소된 후 1년이 지나지 아니한 자

2. 친환경천일염인증과 관련하여 벌금 이상의 형이 확정된 후 1년이 지나지 아니한 자

④ 친환경천일염인증을 받은 자는 친환경천일염생산기준을 적용하는 염전 또는 작업장에서 친환경천일염생산기준에 따라 생산되는 천일염(이하 "친환경천일염인증품"이라 한다)의 포장·용기 등에 친환경천일염인증의 표시를 할 수 있다.

⑤ 해양수산부장관은 친환경천일염인증을 받기를 희망하거나 인증을 받은 자(종업원을 포함한다)에게 친환경천일염인증에 대한 교육훈련을 실시하거나 필요한 기술·정보를 제공할 수 있다. 〈개정

2013.3.23.〉

⑥ 다음 각 호의 사항은 해양수산부령으로 정한다. 〈개정 2013.3.23.〉

1. 제3항에 따른 친환경천일염인증 신청의 방법 및 절차 등에 관한 사항

2. 제4항에 따른 친환경천일염인증품 표시의 규격 및 방법 등에 관한 사항

3. 제5항에 따른 친환경천일염인증 관련 교육훈련 등에 관한 사항

제42조(천일염인증의 유효기간 등) ① 우수천일염인증, 천일염생산방식인증 및 친환경천일염인증(이하 "천일염인증"이라 한다)의 유효기간은 해당 인증을 받은 날부터 2년으로 한다. 다만, 천일염생산방식인증의 경우 특성상 유효기간을 달리 적용할 필요가 있는 경우에는 생산방식인증천일염의 종류에 따라 해양수산부령으로 유효기간을 달리 정할 수 있다. 〈개정 2013.3.23.〉

② 천일염인증을 받은 자가 유효기간이 끝난 후에도 계속하여 천일염인증을 유지하려는 경우에는 유효기간이 끝나기 전에 해양수산부장관에게 갱신신청을 하여야 하며, 갱신에 필요한 심사를 받아야 한다. 〈개정 2013.3.23.〉

③ 해양수산부장관은 천일염인증을 받은 자가 제1항의 유효기간 내에 해당 천일염의 출하를 종료하지 못하는 경우 천일염인증을 받

은 자의 신청에 따라 심사하여 출하의 종료 때까지 유효기간의 연장을 승인할 수 있다. 〈개정 2013.3.23.〉

④ 제2항에 따른 인증갱신의 기준·신청·심사 및 제3항에 따른 유효기간 연장의 기준·신청·심사 등에 필요한 사항은 해양수산부령으로 정한다. 〈개정 2013.3.23.〉

제43조(천일염인증기관의 지정 등) ① 해양수산부장관은 천일염인증에 필요한 인력과 시설을 갖춘 자를 천일염인증기관으로 지정하여 천일염인증을 하게 할 수 있다 〈개정 2013.3.23.〉

② 천일염인증기관으로 지정받으려는 자는 해양수산부령으로 정하는 바에 따라 해양수산부장관에게 지정을 신청하여야 한다. 다만, 제44조에 따라 천일염인증기관의 지정이 취소된 후 2년이 지나지 아니한 경우에는 신청할 수 없다. 〈개정 2013.3.23.〉

③ 해양수산부장관은 천일염인증기관에 대하여 예산의 범위에서 인증업무 수행에 필요한 경비를 지원할 수 있다. 〈개정 2013.3.23.〉

④ 천일염인증기관의 지정 기준·절차 등에 필요한 사항은 해양수산부령으로 정한다. 〈개정 2013.3.23.〉

제44조(천일염인증기관의 지정취소 등) ① 해양수산부장관은 천일염인증기관이 다음 각 호의 어느 하나에 해당하는 때에는 그 지정을 취소하거나 6개월 이내의 기간을 정하여 그 업무의 전부 또는 일부의 정지를 명할 수 있

소금과 물, 바로 알면 건강이 보인다

다. 다만, 제1호에 해당하는 경우에는 그 지정을 취소하여야 한다. 〈개정 2013.3.23.〉

1. 거짓이나 그 밖의 부정한 방법으로 지정을 받은 경우
2. 정당한 사유 없이 1년 이상 계속하여 인증업무를 하지 아니한 경우
3. 제43조제4항에 따른 지정 기준에 적합하지 아니하게 된 경우
4. 제45조에 따른 조사나 시험의뢰 등의 결과 천일염인증을 받은 소금이 인증기준에 맞지 아니한 것으로 인정된 경우로서 그 원인이 인증기관의 고의 또는 중대한 과실로 인하여 발생된 경우
5. 정당한 사유 없이 제53조에 따른 보고 및 출입·조사·점검·검사 등을 거부한 경우

② 해양수산부장관은 천일염인증기관이 제1항에 따른 업무의 전부 또는 일부의 정지명령을 위반하여 정지기간 중 인증을 한 때에는 그 지정을 취소할 수 있다. 〈개정 2013.3.23.〉

③ 제1항에 따른 취소 또는 정지의 세부기준은 해양수산부령으로 정한다. 〈개정 2013.3.23.〉

제45조(천일염인증의 사후관리) ① 해양수산부장관은 천일염인증을 받은 소금의 품질수준 유지와 소비자 보호를 위하여 필요하다고 인정하는 경우에는 관계 공무원 및 천일염인증기관의 담당자로 하여금 다음 각 호의 사항을

수행하게 할 수 있다. 〈개정 2013.3.23.〉

1. 천일염인증 기준의 적합성 조사
2. 천일염인증을 받은 자의 생산현장에서의 관계 장부 또는 서류의 열람
3. 천일염인증을 받은 소금을 수거하여 조사를 하거나 전문시험 연구기관에의 시험의뢰

② 천일염인증을 받은 자는 해양수산부령으로 정하는 바에 따라 인증심사자료, 염전시설의 관리, 천일염인증을 받은 소금의 거래에 관한 자료 등 관련 문서를 비치 · 보존하여야 한다. 〈개정 2013.3.23.〉

제46조(천일염인증품에 대한 시정명령 등) ① 해양수산부장관은 우수천일염인증품, 생산방식인증품 또는 친환경천일염인증품(이하 "천일염인증품"이라 한다)이 다음 각 호의 어느 하나에 해당하면 그 시정을 명하거나 해당 제품의 판매금지 또는 표시정지의 조치를 할 수 있다. 〈개정 2013.3.23.〉

1. 인증기준에 맞지 아니한 경우
2. 전업 · 폐업 등으로 인하여 해당 천일염인증품을 생산하기 어렵다고 판단되는 경우
3. 해당 표시방법을 위반한 경우
4. 정당한 사유 없이 제53조에 따른 보고 및 출입 · 조사 · 점검 · 검사 등을 거부한 경우

소금과 물, 바로 알면 건강이 보인다

② 제1항에 따른 시정명령·판매금지·표시정지의 세부적인 기준은 해양수산부령으로 정한다. 〈개정 2013.3.23.〉

제47조(천일염인증의 취소 등) ① 해양수산부장관은 천일염인증을 한 후 다음 각 호의 어느 하나에 해당하는 사항이 확인되면 해당 인증을 취소할 수 있다. 다만, 제1호의 경우에는 해당 인증을 취소하여야 한다. 〈개정 2013.3.23.〉

1. 거짓이나 그 밖의 부정한 방법으로 천일염인증을 받은 경우
2. 천일염인증의 기준에 현저하게 맞지 아니한 경우
3. 전업·폐업 등으로 인하여 해당 인증품을 생산하기 어렵다고 판단되는 경우
4. 제46조에 따른 시정명령, 판매금지 또는 표시정지 조치에 따르지 아니한 경우
5. 정당한 사유 없이 제53조에 따른 보고 및 출입·조사·점검·검사 등을 2회 이상 거부한 경우

② 제1항제2호에 따른 인증의 기준에 현저하게 맞지 아니한 경우에 관한 구체적 기준은 해양수산부령으로 정한다. 〈개정 2013.3.23.〉

제48조(천일염인증의 승계) ① 천일염인증을 받은 자가 그 사업을 양도하거나 사망한 때 또는 법인의 합병이 있는 때에는 양수인, 상속인(천일염인증을 받

은 소금을 계속하여 생산·제조하려는 상속인으로 한정한다) 또는 **합병 후 존속하는 법인**이나 합병에 의하여 설립되는 법인은 **천일염인증을 받은 자의 지위를 승계할 수 있다.**

② 제1항에 따라 천일염인증을 받은 자의 지위를 승계한 자는 승계한 날부터 30일 이내에 해양수산부장관에게 그 사실을 신고하여야 한다. 〈개정 2013.3.23.〉

③ 제2항에 따른 신고에 필요한 사항은 해양수산부령으로 정한다. 〈개정 2013.3.23.〉

제5절 금지행위

제49조(비식용소금의 식용판매 등 금지) ① **화학부산물소금은 식용으로 제조·저장·가공·유통·보관·진열·판매·수입·수출·사용 또는 조리할 수 없다.**

② 비식용으로 생산·제조·수입된 소금은 식용으로 가공·유통·판매·수출·사용·조리하거나 식용으로 판매·수출할 목적으로 저장·보관·진열할 수 없다.

③ 식용으로 생산·제조·수입되었으나 생산·제조·수입 이후 비식용으로 판매·수출할 목적으로 저장·가공·유통·보관·진열·사용되었던 소금은 해양수산부령으로 정하는 경우를 제외하고는 다시 식용으로 저장·가공·유통·보관·진열·사용 또는 조리할 수 없다. 〈개정 2013.3.23.〉

소금과 물, 바로 알면 건강이 보인다

제49조의2(근로강요행위의 금지) ① 염전근로자의 자유의사에 어긋나는 근로강요행위가 적발된 경우 해양수산부장관은 이 법에 따라 지원된 자금을 환수할 수 있다.

② 제1항에 따른 환수의 대상·기준 및 절차 등에 필요한 사항은 대통령령으로 정한다.

[본조신설 2015.2.3.]

제50조(부정행위·거짓표시 등의 금지) ① 누구든지 다음 각 호의 행위를 하여서는 아니 된다.

1. 염전에서 천일염이 아닌 소금 또는 수입한 소금을 혼합하는 방법이나 천일염 여부를 혼동하게 할 우려가 있는 방법으로 천일염을 생산하는 행위

2. 제23조에 따른 허가를 거짓이나 그 밖의 부정한 방법으로 받는 행위

3. 제27조에 따른 신고를 거짓이나 그 밖의 부정한 방법으로 하는 행위

4. 제35조제1항에 따른 품질검사를 거짓이나 그 밖의 부정한 방법으로 받는 행위

5. 제35조제2항에 따른 품질검사기관의 지정을 거짓이나 그 밖의 부정한 방법으로 받는 행위

6. 제37조제1항에 따른 품질표시를 거짓이나 그 밖의 부정한 방

법으로 하는 행위

7. 제39조제1항에 따른 우수천일염인증을 거짓이나 그 밖의 부정한 방법으로 받는 행위

8. 제40조제1항에 따른 천일염생산방식인증을 거짓이나 그 밖의 부정한 방법으로 받는 행위

9. 제41조제1항에 따른 친환경천일염인증을 거짓이나 그 밖의 부정한 방법으로 받는 행위

② 누구든지 다음 각 호의 행위를 하여서는 아니 된다.

1. 제33조에 따른 표준규격품이 아닌 소금에 표준규격품의 표시 또는 이와 유사한 표시를 하는 행위

2. 제35조에 따른 품질검사를 받지 아니하거나 품질검사에 불합격한 소금에 품질검사 합격의 표시 또는 이와 유사한 표시를 하는 행위

3. 제39조에 따른 우수천일염인증품이 아닌 소금에 우수천일염인증품의 표시 또는 이와 유사한 표시를 하는 행위

4. 제40조에 따른 생산방식인증품이 아닌 소금에 생산방식인증품의 표시 또는 이와 유사한 표시를 하는 행위

5. 제41조에 따른 친환경천일염인증품이 아닌 소금에 친환경천일염인증품의 표시 또는 이와 유사한 표시를 하는 행위

제51조(판매·수출 등의 금지) ① 누구든지 제29조에 따른 식용천일염생산금

소금과 물, 바로 알면 건강이 보인다

지해역에서 생산된 천일염이라는 사실을 알면서도 해당 천일염을 식용으로 판매·수출하거나 식용으로 판매·수출할 목적으로 저장·보관·진열하여서는 아니 된다.

② 누구든지 다음 각 호의 행위를 하여서는 아니 된다.

1. 제33조에 따른 표준규격품에 표준규격품이 아닌 소금을 혼합하여 판매 · 수출하거나 판매 · 수출할 목적으로 저장 · 보관 · 진열하는 행위

2. 제35조에 따른 품질검사 합격품에 품질검사를 받지 아니하거나 품질검사에 불합격한 소금을 혼합하여 판매 · 수출하거나 판매 · 수출할 목적으로 저장 · 보관 · 진열하는 행위

3. 제37조에 따른 품질표시를 한 소금에 품질표시를 하지 아니한 소금을 혼합하여 판매 · 수출하거나 판매 · 수출할 목적으로 저장 · 보관 · 진열하는 행위

4. 제39조에 따른 우수천일염인증품에 우수천일염인증품이 아닌 소금을 혼합하여 판매 · 수출하거나 판매 · 수출할 목적으로 저장 · 보관 · 진열하는 행위

5. 제40조에 따른 생산방식인증품에 생산방식인증품이 아닌 소금을 혼합하여 판매 · 수출하거나 판매 · 수출할 목적으로 저장 · 보관 · 진열하는 행위

6. 제41조에 따른 친환경천일염인증품에 친환경천일염인증품이 아닌 소금을 혼합하여 판매 · 수출하거나 판매 · 수출할 목적

으로 저장 · 보관 · 진열하는 행위

③ 누구든지 다음 각 호의 행위를 하여서는 아니 된다.

1. 제23조에 따른 허가를 받지 아니한 자가 생산 · 제조한 소금이
   라는 사실을 알면서도 해당 소금을 판매 · 수출하거나 판매 ·
   수출할 목적으로 저장 · 보관 · 진열하는 행위

2. 제26조에 따라 허가가 취소되거나 영업정지 명령을 받은 자
   가 생산 · 제조한 소금이라는 사실을 알면서도 해당 소금을 판
   매 · 수출하거나 판매 · 수출할 목적으로 저장 · 보관 · 진열하
   는 행위

3. 제27조에 따른 신고를 하지 아니한 자가 생산 · 제조한 소금이
   라는 사실을 알면서도 해당 소금을 판매 · 수출하거나 판매 ·
   수출할 목적으로 저장 · 보관 · 진열하는 행위

4. 제35조에 따른 품질검사를 받지 아니하였거나 품질검사에 불
   합격한 소금이라는 사실을 알면서도 해당 소금을 판매 · 수출
   하거나 식용으로 판매 · 수출할 목적으로 저장 · 보관 · 진열하
   는 행위

제5장 보칙

제52조(관계 기관의 협조) ① **국가 또는 지방자치단체**(그 밖에 법령 또는 자치법규
에 따라 행정권한을 가지고 있거나 위임 또는 위탁받은 공공단체나 그 기관 또는 사인을 포함한
다)는 효율적인 소금산업의 진흥과 소금의 품질관리를 위하여 서로 협조하

소금과 물, 바로 알면 건강이 보인다

여야 한다.

② 해양수산부장관은 효율적인 소금산업의 진흥과 소금의 품질관리를 위하여 필요한 경우에는 관계 중앙행정기관의 장, 지방자치단체의 장 또는 공공기관의 장에게 국가, 지방자치단체 또는 공공기관에서 관리하는 전자정보처리시스템의 정보 이용의 협조를 요청할 수 있다. 이 경우 요청받은 관계 중앙행정기관의 장, 지방자치단체의 장 또는 공공기관의 장은 특별한 사유가 없으면 이에 협조하여야 한다. 〈개정 2013.3.23.〉

③ 해양수산부장관은 효율적인 소금산업의 진흥과 소금의 품질관리를 위하여 필요한 경우에는 관계 중앙행정기관의 장, 지방자치단체의 장, 공공기관의 장, 관련 연구기관 및 단체, 소금사업자 등에게 필요한 자료 및 정보의 제공을 요청할 수 있다. 이 경우 자료 및 정보의 제공을 요청받은 자는 정당한 사유가 없는 한 이에 협조하여야 한다. 〈개정 2013.3.23.〉

④ 제1항 및 제2항에 따른 협조의 절차와 제3항에 따른 자료 및 정보의 제공 등에 관하여 필요한 사항은 대통령령으로 정한다.

제53조(보고 및 출입·조사·점검·검사 등) ① 해양수산부장관은 이 법을 시행하기 위하여 필요하다고 인정하는 때에는 소금사업자, 교육훈련기관, 전문인력양성기관, 염업조합, 품질검사기관 및 천일염인증기관으로 하여금 필요한 보고를 하게 하거나 자료를 제출하게 할 수 있으며, 관계 공무원으로

하여금 해당 사무소 및 사업장 또는 그 밖의 장소에 출입하여 관련 서류를 조사하게 하고 시설·장비 및 그 밖에 해당 사업 또는 영업과 관련된 물건을 점검·검사하게 할 수 있으며 검사에 필요한 최소량의 소금을 무상으로 수거하게 할 수 있다. 〈개정 2013.3.23.〉

② 제1항에 따라 보고 또는 자료제출을 하게 하거나 출입 · 조사 · 점검 · 검사 · 수거를 하는 때에는 소금사업자, 교육훈련기관, 전문인력양성기관, 염업조합, 품질검사기관, 천일염인증기관 또는 해당 소금의 점유자 · 관리인은 정당한 사유 없이 거부 · 방해 또는 기피하여서는 아니 된다.

③ 제1항에 따라 출입 · 조사 · 점검 · 검사 · 수거를 할 때에는 미리 출입 · 조사 · 점검 · 검사 · 수거의 일시, 목적, 대상 등을 관계인에게 알려야 한다. 다만, 긴급한 경우나 미리 알리면 그 목적을 달성할 수 없다고 인정되는 경우에는 그러하지 아니하다.

④ 제1항에 따라 출입 · 조사 · 점검 · 검사 · 수거를 하는 관계 공무원은 그 권한을 표시하는 증표를 관계인에게 내보여야 하며, 출입 시 성명 · 출입시간 · 출입목적 등이 표시된 문서를 관계인에게 주어야 한다.

제54조(명예감시원) ① 해양수산부장관이나 시·도지사는 소금의 공정한 유통질서를 확립하기 위하여 소비자단체 또는 생산자단체의 회원·임직원 등을 명예감시원으로 위촉하여 소금의 유통질서에 대한 감시·지도·계몽을 하

소금과 물, 바로 알면 건강이 보인다

게 할 수 있다. 〈개정 2013.3.23.〉

② 해양수산부장관이나 시·도지사는 명예감시원에게 예산의 범위에서 감시활동에 필요한 경비를 지급할 수 있다. 〈개정 2013.3.23.〉

③ 제1항에 따른 명예감시원의 자격, 위촉방법, 임무 등에 관하여 필요한 사항은 해양수산부령으로 정한다. 〈개정 2013.3.23.〉

제55조(포상금) 해양수산부장관은 제29조, 제49조, 제50조 및 제51조를 위반한 자를 주무관청 또는 수사기관에 신고하거나 고발한 자에게는 대통령령으로 정하는 바에 따라 예산의 범위에서 포상금을 지급할 수 있다. 〈개정 2013.3.23.〉

제56조(수수료) 다음 각 호의 어느 하나에 해당하는 자는 해양수산부령으로 정하는 바에 따라 수수료를 내야 한다. 〈개정 2013.3.23.〉

1. 제22조에 따라 염전원부 등본의 발급을 신청하는 자
2. 제35조제1항에 따라 품질검사를 받는 자
3. 제39조제3항에 따라 우수천일염인증을 신청하는 자
4. 제40조제3항에 따라 천일염생산방식인증을 신청하는 자
5. 제41조제3항에 따라 친환경천일염인증을 신청하는 자

제57조(청문) 해양수산부장관 또는 시·도지사는 다음 각 호의 어느 하나에

해당하는 처분을 하려면 청문을 하여야 한다. 〈개정 2013.3.23.〉

1. 제26조에 따른 허가취소 또는 영업정지

2. 제34조제1항에 따른 표준규격품의 판매금지 또는 표시정지

3. 제36조에 따른 품질검사기관의 지정취소 또는 검사업무의 정지

4. 제44조에 따른 천일염인증기관의 지정취소 또는 인증업무의 정지

5. 제46조에 따른 천일염인증품의 판매금지 또는 표시정지

6. 제47조제1항에 따른 천일염인증의 취소

제58조(권한의 위임·위탁) ① 이 법에 따른 해양수산부장관의 권한은 이 법에 특별한 규정이 있는 것을 제외하고는 그 일부를 대통령령으로 정하는 바에 따라 그 소속 기관의 장, 농촌진흥청장, 시·도지사에게, 시·도지사는 시장·군수·구청장에게 각각 위임할 수 있다. 〈개정 2013.3.23.〉

② 이 법에 따른 해양수산부장관의 업무는 이 법에 특별한 규정이 있는 것을 제외하고는 그 일부를 대통령령으로 정하는 바에 따라 다음 각 호의 자에게 위탁할 수 있다. 〈개정 2013.3.23.〉

1. 생산자단체

2. 공공기관

3. 염업조합, 「농업협동조합법」에 따른 조합 및 그 중앙회 또는 「수산업협동조합법」에 따른 조합 및 그 중앙회

4. 「정부출연연구기관 등의 설립·운영 및 육성에 관한 법률」에

따른 정부출연연구기관 또는 「과학기술분야 정부출연연구기관 등의 설립·운영 및 육성에 관한 법률」에 따른 과학기술분야 정부출연연구기관

5. 「농어업경영체 육성 및 지원에 관한 법률」 제16조에 따라 설립된 영농조합법인 및 영어조합법인 등 농림·수산·소금 관련 법인이나 단체

제59조(벌칙 적용에서의 공무원 의제) 다음 각 호의 어느 하나에 해당하는 사람은 「형법」 제129조부터 제132조까지의 규정을 적용할 때에는 공무원으로 본다.

1. 제17조에 따라 생산지소금유통센터의 운영업무에 종사하는 한국농수산식품유통공사의 임직원

2. 제35조제1항에 따라 품질검사업무에 종사하는 염업조합 및 품질검사기관의 임직원

3. 제43조제1항에 따라 천일염인증업무에 종사하는 천일염인증기관의 임직원

4. 제58조에 따라 위탁업무에 종사하는 생산자단체 등의 임직원

제6장 벌칙

제60조(벌칙) 다음 각 호의 자는 7년 이하의 징역 또는 1억원 이하의 벌금에 처하거나 이를 병과할 수 있다.

1. 제29조제2항을 위반하여 식용천일염생산금지해역에서 식용 천일염생산을 목적으로 염전을 개발하거나 식용천일염을 생산하는 자

2. 제49조제1항을 위반하여 화학부산물소금을 식용으로 제조·저장·가공·유통·보관·진열·판매·수입·수출·사용 또는 조리한 자

3. 제49조제2항을 위반하여 비식용으로 생산·제조·수입된 소금을 식용으로 가공·유통·판매·수출·사용·조리하거나 식용으로 판매·수출할 목적으로 저장·보관·진열한 자

4. 제49조제3항을 위반하여 식용으로 생산·제조·수입되었으나 생산·제조·수입 이후 비식용으로 판매·수출할 목적으로 저장·가공·유통·보관·진열·사용되었던 소금을 다시 식용으로 저장·가공·유통·보관·진열·사용 또는 조리한 자

제61조(벌칙) 고의로 제31조제1항제1호 또는 제2호를 위반하여 오염물질 중 「해양환경관리법」 제2조제5호에 따른 기름을 배출한 자는 5년 이하의 징역 또는 5천만원 이하의 벌금에 처한다.

제62조(벌칙) 다음 각 호의 어느 하나에 해당하는 자는 3년 이하의 징역 또는 3천만원 이하의 벌금에 처한다.

소금과 물, 바로 알면 건강이 보인다

1. 제31조제1항제1호 또는 제2호를 위반하여 오염물질 중 「해양 환경관리법」 제2조제4호에 따른 폐기물, 같은 조 제7호에 따른 유해액체물질 또는 같은 조 제8호에 따른 포장유해물질을 배출하는 행위를 한 자

2. 제50조제1항을 위반하여 다음 각 목의 어느 하나에 해당하는 행위를 한 자

   가. 염전에서 천일염이 아닌 소금 또는 수입한 소금을 혼합하는 방법이나 천일염 여부를 혼동하게 할 우려가 있는 방법으로 천일염을 생산하는 행위

   나. 제23조에 따른 허가를 거짓이나 그 밖의 부정한 방법으로 받는 행위

   다. 제27조에 따른 신고를 거짓이나 그 밖의 부정한 방법으로 하는 행위

   라. 제35조제1항에 따른 품질검사를 거짓이나 그 밖의 부정한 방법으로 받는 행위

   마. 제35조제2항에 따른 품질검사기관의 지정을 거짓이나 그 밖의 부정한 방법으로 받는 행위

   바. 제37조제1항에 따른 품질표시를 거짓이나 그 밖의 부정한 방법으로 하는 행위

   사. 제39조제1항에 따른 우수천일염인증을 거짓이나 그 밖의 부정한 방법으로 받는 행위

아. 제40조제1항에 따른 천일염생산방식인증을 거짓이나 그 밖의 부정한 방법으로 받는 행위

자. 제41조제1항에 따른 친환경천일염인증을 거짓이나 그 밖의 부정한 방법으로 받는 행위

3. 제50조제2항을 위반하여 다음 각 목의 어느 하나에 해당하는 행위를 한 자

가. 제33조에 따른 표준규격품이 아닌 소금에 표준규격품의 표시 또는 이와 유사한 표시를 하는 행위

나. 제35조에 따른 품질검사를 받지 아니하거나 품질검사에 불합격한 소금에 품질검사 합격의 표시 또는 이와 유사한 표시를 하는 행위

다. 제39조에 따른 우수천일염인증품이 아닌 소금에 우수천일염인증품의 표시 또는 이와 유사한 표시를 하는 행위

라. 제40조에 따른 생산방식인증품이 아닌 소금에 생산방식인증품의 표시 또는 이와 유사한 표시를 하는 행위

마. 제41조에 따른 친환경천일염인증품이 아닌 소금에 친환경천일염인증품의 표시 또는 이와 유사한 표시를 하는 행위

4. 제51조제1항을 위반하여 제29조에 따른 식용천일염생산금지해역에서 생산된 천일염이라는 사실을 알면서도 해당 천일염을 식용으로 판매 · 수출하거나 식용으로 판매 · 수출할 목적으로 저장 · 보관 · 진열한 자

소금과 물, 바로 알면 건강이 보인다

5. 제51조제2항을 위반하여 다음 각 목의 어느 하나에 해당하는
   행위를 한 자

   가. 제33조에 따른 표준규격품에 표준규격품이 아닌 소금을
   혼합하여 판매 · 수출하거나 판매 · 수출할 목적으로 저장 · 보
   관 · 진열하는 행위

   나. 제35조에 따른 품질검사 합격품에 품질검사를 받지 아니
   하거나 품질검사에 불합격한 소금을 혼합하여 판매 · 수출하
   거나 판매 · 수출할 목적으로 저장 · 보관 · 진열하는 행위

   다. 제37조에 따른 품질표시를 한 소금에 품질표시를 하지 아
   니한 소금을 혼합하여 판매 · 수출하거나 판매 · 수출할 목적
   으로 저장 · 보관 · 진열하는 행위

   라. 제39조에 따른 우수천일염인증품에 우수천일염인증품이
   아닌 소금을 혼합하여 판매 · 수출하거나 판매 · 수출할 목적
   으로 저장 · 보관 · 진열하는 행위

   마. 제40조에 따른 생산방식인증품에 생산방식인증품이 아닌
   소금을 혼합하여 판매 · 수출하거나 판매 · 수출할 목적으로
   저장 · 보관 · 진열하는 행위

   바. 제41조에 따른 친환경천일염인증품에 친환경천일염인증
   품이 아닌 소금을 혼합하여 판매 · 수출하거나 판매 · 수출할
   목적으로 저장 · 보관 · 진열하는 행위

제63조(벌칙) 다음 각 호의 어느 하나에 해당하는 자는 1년 이하의 징역 또는 1천만원 이하의 벌금에 처한다.

1. 제23조를 위반하여 허가를 받지 아니하고 염전을 개발하거나 소금을 생산·제조한 자

2. 제26조에 따라 허가가 취소되었거나 영업정지 명령을 받았음에도 염전을 개발하거나 소금을 생산한 자

3. 제27조를 위반하여 신고를 하지 아니하고 비식용소금을 생산한 자

4. 제31조제2항 본문을 위반하여 동물용 의약품을 사용한 자

5. 제34조제1항을 위반하여 시정명령(제34조제1항제3호에 따른 표시방법에 대한 시정명령은 제외한다), 판매금지 또는 표시정지 처분에 따르지 아니한 자

6. 제35조제1항을 위반하여 품질검사를 받지 아니한 자

7. 제36조에 따라 품질검사기관의 지정이 취소되었거나 품질검사업무정지명령을 받았음에도 업무정지 기간 동안 품질검사를 한 자

8. 제37조제1항을 위반하여 품질표시를 하지 아니한 자

9. 제43조제1항에 따른 천일염인증기관의 지정을 거짓이나 그 밖의 부정한 방법으로 받는 행위

10. 제43조제1항에 따른 천일염인증기관의 지정을 받지 아니하고 천일염인증을 한 자

11. 제44조제1항에 따라 지정이 취소되었거나 업무정지 명령을 받았음에도 업무정지 기간동안 천일염인증을 한 자

12. 제46조를 위반하여 시정명령(제46조제3호에 따른 표시방법에 대한 시정명령은 제외한다), 판매금지 또는 표시정지 처분에 따르지 아니한 자

13. 제51조제3항을 위반하여 다음 각 목의 어느 하나에 해당하는 행위를 한 자

    가. 제23조에 따른 허가를 받지 아니한 자가 생산 · 제조한 소금이라는 사실을 알면서도 해당 소금을 판매 · 수출하거나 판매 · 수출할 목적으로 저장 · 보관 · 진열하는 행위

    나. 제26조에 따라 허가가 취소되거나 영업정지 명령을 받은 자가 생산 · 제조한 소금이라는 사실을 알면서도 해당 소금을 판매 · 수출하거나 판매 · 수출할 목적으로 저장 · 보관 · 진열하는 행위

    다. 제27조에 따른 신고를 하지 아니한 자가 생산 · 제조한 소금이라는 사실을 알면서도 해당 소금을 판매 · 수출하거나 판매 · 수출할 목적으로 저장 · 보관 · 진열하는 행위

    라. 제35조에 따른 품질검사를 받지 아니하였거나 품질검사에 불합격한 소금이라는 사실을 알면서도 해당 소금을 판매 · 수출하거나 식용으로 판매 · 수출할 목적으로 저장 · 보관 · 진열하는 행위

제64조(과실범) 과실로 제31조제1항제1호 또는 제2호를 위반하여 오염물질 중 「해양환경관리법」 제2조제5호에 따른 기름을 배출한 자는 3년 이하의 징역 또는 3천만원 이하의 벌금에 처한다.

제65조(양벌규정) 법인의 대표자나 법인 또는 개인의 대리인, 사용인, 그 밖의 종업원이 그 법인 또는 개인의 업무에 관하여 제60조부터 제64조까지의 어느 하나에 해당하는 위반행위를 하면 그 행위자를 벌하는 외에 그 법인 또는 개인에게도 해당 조문의 벌금형을 과( )한다. 다만, 법인 또는 개인이 그 위반행위를 방지하기 위하여 해당 업무에 관하여 상당한 주의와 감독을 게을리하지 아니한 경우에는 그러하지 아니하다.

제66조(과태료) ① 다음 각 호의 어느 하나에 해당하는 자에게는 1천만원 이하의 과태료를 부과한다.

1. 제25조제3항에 따른 소금제조업자 지위의 승계에 관한 신고를 하지 아니한 자
2. 제34조제1항제3호 또는 제46조제1항제3호에 따른 표시방법에 대한 시정명령에 따르지 아니한 자
3. 제53조제2항을 위반하여 보고 또는 자료제출을 하지 아니하거나 관계 공무원의 출입 · 조사 · 점검 · 검사 · 수거 등을 정당한 사유 없이 거부 · 방해 또는 기피한 자

② 제21조제5항을 위반하여 보고하지 아니하거나 관계 공무원의

출입 · 조사를 정당한 사유 없이 거부 · 방해 또는 기피한 자에게는 500만원 이하의 과태료를 부과한다.

③ 제31조제1항제3호를 위반하여 양식시설에서 가축을 사육한 자에게는 100만원 이하의 과태료를 부과한다.

④ 제1항부터 제3항까지에 따른 과태료는 대통령령으로 정하는 바에 따라 해양수산부장관 또는 지방자치단체의 장이 부과 · 징수한다. 〈개정 2013.3.23.〉

부칙 〈법률 제11101호, 2011.11.22.〉

제1조(시행일) 이 법은 공포 후 1년이 경과한 날부터 시행한다.

제2조(이 법의 시행을 위한 준비행위) 농림수산식품부장관은 이 법 시행 전에 제11조의 개정규정에 따른 소금연구센터 및 제17조의 개정규정에 따른 생산지소금유통센터의 설치를 위하여 필요한 준비를 할 수 있다.

제3조(일반적 경과조치) 이 법 시행 당시 종전의 「염관리법」에 따른 허가 또는 그 밖에 행정기관의 행위나 각종 신청 또는 그 밖에 행정기관에 대한 행위는 그에 해당하는 이 법에 따른 행정기관의 행위 또는 행정기관에 대한 행위로 본다.

제4조(허가 · 지정에 관한 경과조치) ① 이 법 시행 당시 종전의 「염관리법」 제3조제1항에 따라 염제조업 등의 허가를 받은 자는 제23조제1항의 개정규정에 따라 소금제조업 등의 허가를 받은 것으로 본다.

② 이 법 시행 당시 종전의 「염관리법」 제10조에 따라 품질검사기

관으로 지정받은 자는 제35조의 개정규정에 따라 품질검사기관으로 지정받은 것으로 본다.

제5조(폐전에서의 생산금지에 관한 경과조치) 이 법 시행 당시 종전의 「염관리법」에 따라 천일염제조업자가 폐전지원금을 지급받아 그 허가의 효력이 상실된 염전에 대하여는 그 허가의 효력이 상실된 날부터 10년간 천일염제조업의 허가를 할 수 없다.

제6조(벌칙에 관한 경과조치) 이 법 시행 전에 종전의 「염관리법」을 위반한 행위에 대한 벌칙과 과태료의 적용에 있어서는 종전의 「염관리법」에 따른다.

제7조(다른 법률의 개정) ① 농림수산업자 신용보증법 일부를 다음과 같이 개정한다.

제2조제10호를 다음과 같이 한다.

10. 「소금산업 진흥법」 제2조제14호에 따른 소금제조업자로서 대통령령으로 정하는 자

② 법률 제10885호 농수산물 품질관리법 전부개정법률 일부를 다음과 같이 개정한다.

제2조제1항제1호나목을 다음과 같이 한다.

나. 수산물: 「농어업 · 농어촌 및 식품산업 기본법」 제3조제6호나목의 수산물(「소금산업 진흥법」 제2조제1호에 따른 소금은 제외한다)

③ 식품안전기본법 일부를 다음과 같이 개정한다.

제2조제5호 중 "「염관리법」"을 "「소금산업 진흥법」"으로 한다.

④ 염업조합법 일부를 다음과 같이 개정한다.

제1조 중 "염제조업자"를 "소금제조업자"로 한다.

제2조제1호 및 제2호를 각각 다음과 같이 한다.

1. "염업"이란 「소금산업 진흥법」 제2조에 따른 소금 또는 함수를 제조하거나 소금을 재제조 또는 가공하는 것을 업으로 하는 것을 말한다

2. "소금제조업자"란 「소금산업 진흥법」 제2조제14호에 따른 소금제조업자를 말한다.

제8조를 다음과 같이 한다.

제8조(조합원의 자격) 「소금산업 진흥법」 제23조에 따라 소금제조업의 허가를 받거나 「식품위생법」 제37조에 따라 소금의 제조업·가공업을 신고한 자는 조합원이 될 수 있다.

제8조(다른 법령과의 관계) 이 법 시행 당시 다른 법령에서 종전의 「염관리법」이나 그 규정을 인용하고 있는 경우 이 법에 그에 해당하는 규정이 있을 때에는 종전의 규정에 갈음하여 이 법 또는 이 법의 해당 규정을 인용한 것으로 본다.

부칙 〈법률 제11700호, 2013.3.23.〉

제1조(시행일) 이 법은 공포한 날부터 시행한다.

제2조(부처간 사무조정에 따른 경과조치) 이 법 시행 전에 종전의 규정에 따라 농림수산식품부장관이 행한 행정처분 및 그 밖의 행위와 농림수산식품부

장관에 대한 신청·신고 및 그 밖의 행위는 이 법에 따른 해양수산부장관의 행위 또는 해양수산부장관에 대한 행위로 본다.

제3조(소금산업진흥심의회의 설치에 따른 경과조치) 이 법 시행 당시 종전의 규정에 따라 「식품산업진흥법」 제5조에 따른 식품산업진흥심의회의 사전심의를 거친 경우에는 제6조의 개정규정에 따른 소금산업진흥심의회의 심의를 거친 것으로 본다.

부칙 〈법률 제13187호, 2015.2.3.〉

이 법은 공포 후 3개월이 경과한 날부터 시행한다.

부칙 〈법률 제13383호, 2015.6.22.〉(수산업·어촌 발전 기본법)

제1조(시행일) 이 법은 공포 후 6개월이 경과한 날부터 시행한다. 〈단서 생략〉

제2조 및 제3조 생략

제4조(다른 법률의 개정) ①부터 ⑫까지 생략

⑬ 소금산업 진흥법 일부를 다음과 같이 개정한다.

제4조제2항 중 "「농어업·농어촌 및 식품산업 기본법」, 「식품산업진흥법」, 「식품위생법」 및 「대외무역법」에서"를 "「수산업·어촌 발전 기본법」, 「식품산업진흥법」, 「식품위생법」 및 「대외무역법」에서"로 한다.

⑭부터 〈63〉까지 생략